U0150783

新版高等院校
设计与艺术理论系列

编著：蔡燕

数据可视化

上海人民美术出版社

目录
Contents

数据可视化与数据艺术 009 —— 040

数据逻辑的思维构建 041 —— 086

数据驱动的可视化艺术特征 087 —— 116

数据驱动的艺术创作 117 —— 144

序言一

　　信息设计专业方向设立之初，正值视觉环境日异月殊之际。在新思维、新技术的浪潮涌助下，大量新型艺术表现形式被激发出来，它们打破了艺术与学科领域的界限，形成了有别于传统视觉表现的多元艺术创作。随着计算机技术的进步和智能终端的普及，数字信息构建了人们对物理世界的全新体验认知，同时也拓展了空间的升维意识。科技的高速迭代令视觉设计研究范畴不断发生信息载体与传播方式的更替变换，预示着全新的美学机制正引领着未来感知方式的变革。

　　"数据可视化"作为视觉传达设计专业教学体系中信息融合研究的核心课程之一，是传统视觉艺术在全球视域下的积极探索与革新思考。由于数据结构和算法的共生关联，可视化艺术的研究内容在原有平面美学基础之上，拓展了科技跨界的融合理念与设计范式。本教材呈现了信息设计专业师生们近几年来的研究实践过程，这个过程无论从教或学的层面，都充满了未知与可能的实验性。年轻学子们拥有数字时代滋养中成长起来的洞察力、敏感度，以及高效快速的技术响应优势。作为艺术创新的先行者，他们在逻辑运算中激活艺术的语境，搭建与机器进行深层对话的联系。在以数据为线索的艺术探索中，数据作为链接现实与感知两端的接口，展现了属于这个年代独有的叙事。它所承载的不仅仅是如何将抽象、虚拟的数据变得可见、可知，而是实现对单一数据的多角度呈现，并给人带来不同的视角与启发，是当下环境特征的视觉映射，也是社会文化价值的理论反馈。

　　当前世界的复杂性正如我们所见，尤其面临科学技术为蓝本的现实，艺术设计的发展需要一种跨学科的、可持续的方式，艺术为我们提供了无须繁杂论证的行动力，我们将以创新探索的精神，针对未来的挑战给予有价值的回应。

刘平云

广州美术学院视觉艺术设计学院副院长（主持工作）

北京 2022 年冬奥会吉祥物"冰墩墩"设计总执行

序言二（自序）

我爱数据。

这是笔者与大部分信息设计专业的学生们内心的共鸣。这并不是因为大数据时代的潮流趋向，而是通过了解数据，在反复迭代的艺术实验过程中，我们逐渐体会到了样本数据与艺术表现之间的关联性，并由此转化为逻辑思维的感知乐趣。在过去的五年间，信息工作室的同学们从最基础的手动收录，到表格自动运算，再到计算机编程工具的学习与使用，逐步接近数据背后的真相。这是一种未知的探索，我们很难从一开始就预测到结果，模糊的初衷总会在实验中被事实呈现的结果击破原有的设想，这往往需要不断重复去面对庞大数据的处理。对于艺术院校的学生而言，技术的壁垒是超出了想象范畴的、难以逾越的障碍，也令很多艺术类学生与设计从业者在初入数据信息设计领域时产生困惑，数据可视化所属的领域究竟是科学、设计，还是艺术？

本书所探究的数据艺术作品或设计领域中的"数据可视化"，与科学领域中的数据研究虽然有很多交叉的环节，但从最终形态表象以及信息传达的目的上判断，仍有着显见的界限。在本书所指导的课题实践中，数据是艺术创作的素材、原料，并直接影响执行的过程。这是设计者需要关注的逻辑思维能力。而视觉映射更多体现在艺术创作者抽象思维的范畴，是富含隐喻的艺术表达，是可见、可触摸、可共情、可感知的数据面貌。随着越来越多的工程师、艺术家参与其中，数据驱动逐渐形成了一种艺术工作的方法，它的艺科融合特征，需要艺术类学生拓展自己的跨专业学习。如今，越来越多的艺术类院校都开设了创意编程课程，掌握计算机的底层逻辑，能培养学生的通用软件素养，当科技已然成为我们生活的日常时，边界的拓展令思维开始不受局限。随着科技的发展，不断优化的可视化工具为艺术类学生提供了更多的可能性。如果从自身所擅长的领域出发，那么每个人都能探知到数据不为人知的另一面。

前言

"数据可视化"是信息设计方向的设计专业课程，主要探讨以数据为核心驱动的实验性视觉艺术设计方法，是在了解信息架构的基本原理之后，学习通过使用艺术与设计的材料、手段去创建自定义数据驱动的视觉系统以及不限于信息图表形式的多维度视觉艺术表现探索。与基础课程"信息图表"对比，强化数据的"属性"和"变量"是本课程核心的研究内容。"属性"是对获取样本的数据类型分析。"变量"则在于提出问题，它是隐藏在数据背后的事实真相，也是可视化转译的关键。本课程学习强调数据驱动的重点，由数据创建图形，用图形构建符号，通过符号转译信息，以视觉化的逻辑语言对信息进行直观交流。本教材以课程的架构为目录，内容分为以下四个部分。

一、数据可视化与数据艺术

主要讲解数据可视化的概念与发展，以及边界逐渐扩大的信息环境下，数据可视化设计与数据艺术同与异的界限。

二、数据逻辑的思维构建

这个部分主要阐述数据艺术设计的实验方法，从数据的采集、整合、排序与归类，再到多维度的视觉可视化探索，最后呈现艺术转译的过程式表达。

三、数据驱动的可视化艺术特征

项目实例选自 2016—2022 年，广州美术学院视觉艺术设计学院学生在数据可视化艺术方向的探索与成果，并从数据艺术的视觉特征出发对相关作品进行详尽解析。

四、数据驱动的艺术创作

分析国内外优秀数据艺术作品案例，并从多领域融合的角度启动对于未来应用的思考与探索。

数据可视化涵盖了科技、艺术与设计三大领域，专业角度多元，应用场景广泛。本书在数据可视化的多维视角下，主要研究数据驱动的视觉艺术设计方向，适用于艺术从业者、开发人员、信息设计专业人士以及有相关爱好的初学者。附录中收集了数据可视化的相关网站与工具，便于大家学习时查阅参考与学习实践。

课程计划

章节	内容	学时	总计
第一章 数据可视化与数据艺术	第一节　数据可视化的概述	2	8
	第二节　数据可视化的历史与发展	2	
	第三节　数据艺术	4	
第二章 数据逻辑的思维构建	第一节　一切从数据开始	8	48
	第二节　数据分析与挖掘	8	
	第三节　可视化叙事	16	
	第四节　可视化的映射	16	
第三章 数据驱动的可视化艺术特征	第一节　数据驱动的现象共情	1.5	6
	第二节　动态数据的实时反馈	1.5	
	第三节　生成数据的交互体验	1.5	
	第四节　数据逻辑的算法生成	1.5	
第四章 数据驱动的艺术创作	第一节　国内外优秀案例解析	1	2
	第二节　应用探索与未来启发	1	

本章内容：主要讲述数据可视化的概念与历史，以及本书核心内容——数据艺术的起源与发展。通过对可视化经典作品的案例分析，阐述数据研究与社会发展的关联性。

学习目的：通过本章的学习，了解数据可视化的基本概念与历史进程。掌握各类型图表属性分析与可视化应用基础，并从学科分类上了解数据可视化与数据艺术的关系与划分。

第一节　数据可视化的概述

"统计是动态的历史，历史是静态的统计。"

——［德］斯勒兹

一、什么是数据可视化？

有关数据可视化的定义，因其跨界融合的复杂性，需从不同学科专业的角度去进行划分和理解。维基百科中收录的数据可视化（Data Visualization），被许多学科视为是与视觉传达含义相同的现代概念。它涉及数据的可视化表示的创建和研究。为了清晰有效地传递信息，数据可视化使用统计图形、图表、信息图表和其他工具，可以使用点、线或条对数字数据进行编码，以便在视觉上传达定量信息。有效的可视化可以帮助用户分析和推理数据与证据，使复杂的数据更容易被理解和使用。用户可能有特定的分析任务，以及该任务要遵守的图形设计原则。表格通常用于用户查找特定的度量，而各种类型的图表用于显示一个或多个变量的数据中的模式或关系。

数据可视化既是一门艺术，也是一门科学。有人认为它是描述统计学的一个分支，但也有些人认为它是一个扎根理论开发的工具。作为应用科学的数据可视化占据了统计学、符号学、计算机科学、图形设计和心理学之间交叉中心的位置。数据可视化领域覆盖的范围广泛，根据其信息传递目的与应用场景，可将其分为数据新闻类、分析挖掘类、艺术设计类三大类型。

数据新闻类是数据可视化在新闻传媒领域应用的典型。作为新兴的视觉报道形式，数据新闻利用数据可视化来呈现数据，辅助叙事。分析挖掘类则是从科学研究的角度出发，在数据分析与挖掘过程中，发现大数据背后隐藏的模式、规律与异常。

随着交互技术的发展，数据分析人员还可以通过筛选、拖曳、缩放等操作，对数据可视化进行更深入的探索。这是一种以交互式可视化界面为基础来进行分析和推理的学科。艺术设计类作品更着重数据艺术的美学体现。数据可视化是一种图形化的数据表现方法，其在外观上往往表现为几何构造，带有数学的和谐、韵律之美，因此十分具有艺术性。与此同时，如何通过色彩、图形、构图等手段，对信息进行有效、美观的传达，也体现了设计的重要性。但是，无论是哪一种类别，都不能脱离了数据的核心而独立存在，只是在研究方向与表现手法上各有不同的侧重点。

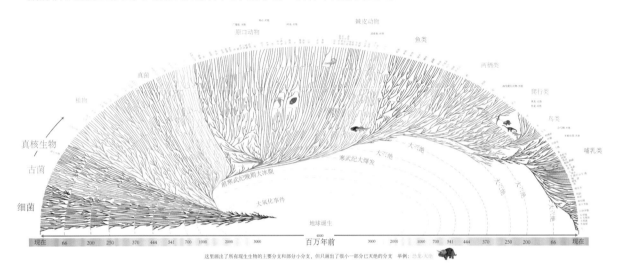

图 1-1　Evogeneao 生命之树（中文版）——Evogeneao 生命之树图显示了与地质时间尺度相关的所有主要生命分支和一些次要分支，所有这些都是一棵活树的五颜六色的形状。它还显示了已经灭绝的一些主要生命分支，并暗示了随着时间的推移，特别是在大规模灭绝中所发生的多样性变化。

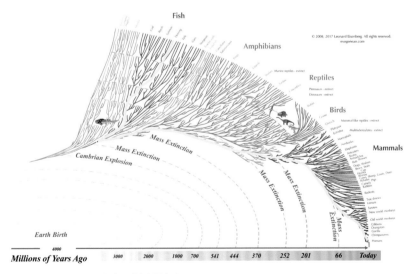

图 1-2　Evogeneao 生命之树（局部）
图片来源：https://www.evogeneao.com/en/learn/tree-of-life

数据可视化

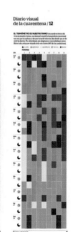
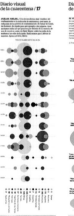

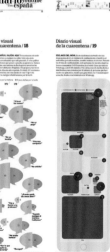

图 1-3 《隔离视觉日记》，作者：埃雷亚设计工作室（Errea）。2020年 3 月至 5 月，在疫情防控期间，埃雷亚设计工作室在《纳瓦拉日报》上发表了每日专栏。它不是正在使用的专栏，而是一个固定格式的视觉空间，根据严格收集的数据，向读者展示了隔离生活：我们吃了什么或喝了什么，我们如何增重或减肥，我们穿什么，我们每天走了多少步，我们从窗户看到了什么，我们在超市或网上买了什么，我们读了什么……总共 53 个专栏。

图片来源：https://www.somoserrea.es/producto/diario-visual-de-la-cuarentena/

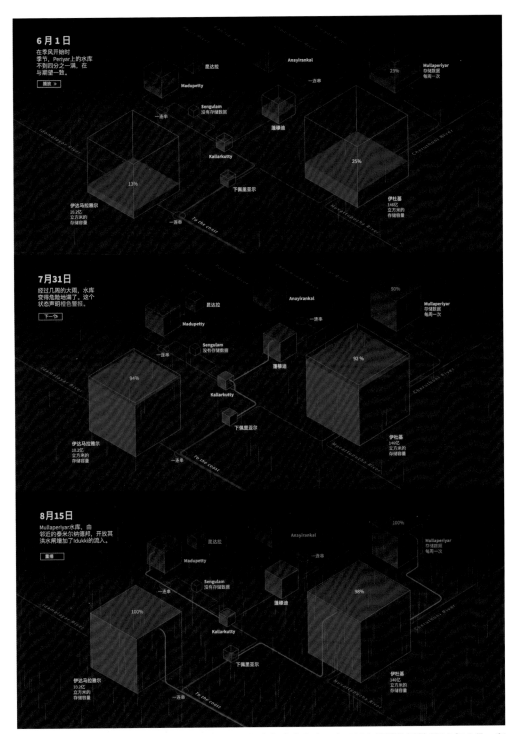

图1-4　新闻类数据可视化——喀拉拉邦的水坝为何未能防止灾难。（2018）路透社报道2018年8月，印度喀拉拉邦经历了近一个世纪以来袭击该邦最严重的洪水灾害。有500多万人受到影响，对田地、房屋和基础设施造成了数十亿美元的破坏。这一系列数据可视化解释了该地区水坝释放水的影响。该信息图表获得了"2019年信息是美丽奖（Kanter Information is beautiful Awards）"新闻与时事类别金奖。
图片来源：https://fingfx.thomsonreuters.com/gfx/rngs/INDIA-FLOOD/010080MF18N/index.html

二、可视化工具

1. 可视化图表类型

当跨越不同地域的大容量原始数据呈现给他人时，没有对其进行正确组织与分类，将导致信息难以阅读、分析和确定结论。数据可视化是借助可视化手段，更清晰有效地传达与沟通信息的一种方式，因此，使用图表类型的转化不仅有美化数据的作用，它还是数据可视化的基础，也是开展数据可视化项目非常重要的环节。从表达占比的饼状图、展现结构组织的树状图到标识趋势变化的折线图、柱状图等，即使是同样的目的，也会有多种图表类型进行转化表达。不同的图表类型所传递的维度变量也有不同，变量越多，信息量越大，观者所能接受的难度也越大。因此，可视化设计并非一味追求信息容量越大越好，设计者需综合考虑信息内容、传播工具、传播媒介、信息发送者、沟通场景与信息接收者等全局要素，再进行实践与评估。

随着数据的艺术表现越来越受到人们的关注，相关的资讯也越来越完善。善用网络资源，便可在线进行图表类型的了解与学习。如图 1-5 所示，专业网站整理图表类型归纳时，呈现了常用、形状、图类、功能等多个维度的分类，不仅方便检索与选择，也有助于数据呈现准确度的掌握。在信息传达这个目标前提下，首先需要依据数据类型和功能选择正确的可视化图表，以"功能"列表为例，此类别中划分出的常规分类有以下五种：

比较：显示价值观或整体部分之间的相似之处或差异；

组成：显示组、模式、排名或顺序；

分布：传达一个不需要太多上下文就能理解的重要消息或数据点；

关系：显示变量或值之间的相关性；

趋势：显示可视化时间或空间的趋势。

图 1-5　图表常见的多维分类。图片来源：http://tuzhidian.com

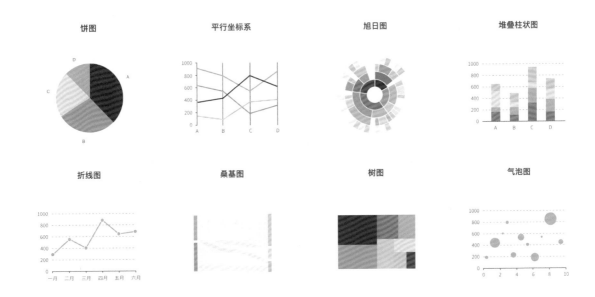

图 1-6　常见图表类型。图片来源：http://tuzhidian.com

　　通过图表去了解图表，人们可以在大脑认知中快速搭建视觉记忆。我们尝试将网站中多界面呈现的不同层级内容进行了关系图的整合绘制，很直观的表达能得出图表类型的多维解读，如其中对比类型的图表样式偏多，以及柱状图既表现对比，也表现趋势等。快速且准确地获取信息能为工作带来高效率的产出，实践亦是掌握理论最好的途径，同学们不妨尝试使用图表类型去处理生活与学习中的各种事项。这是一种非常有趣的体验，例如帮助记忆设计史论中的时间、人物与大事件，在PPT 演示文稿中插入图表代替大段说明文字，又或是在团队讨论方案前，利用图表搭建策略框架等，逐渐将工具变成一种工作方法，抑或是一种思维习惯。无论是否从事信息设计或数据分析相关行业，建立信息的逻辑思考对于提升工作效益都有很大的帮助。

数据可视化

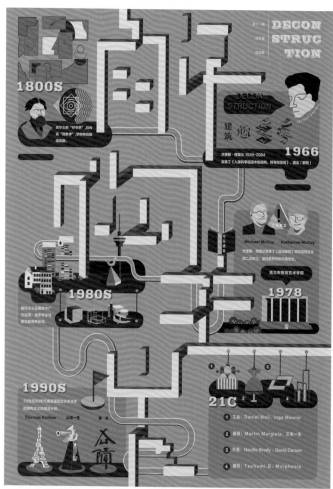

图 1-7　图解解构主义风格，以同风格的表现手法可增强视觉记忆，便于理解设计风格。作者：刘艺琦、陈晓琳，指导老师：蔡燕

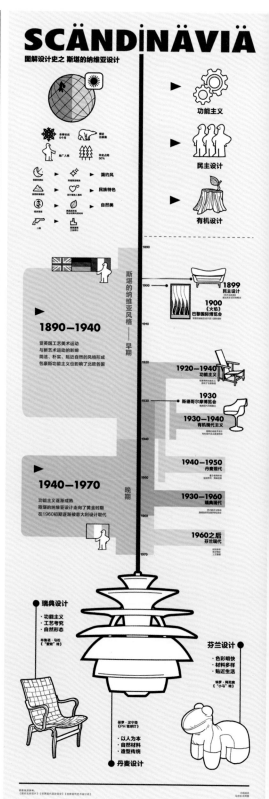

图 1-8　图解斯堪的纳维亚风格，将某类设计风格的代表作品作为视觉引导，结合时间轴图表类型作创作，不仅能整合大容量的信息内容，还能强化该设计风格的视觉记忆。作者：马宇盼、彭雨墨，指导老师：蔡燕

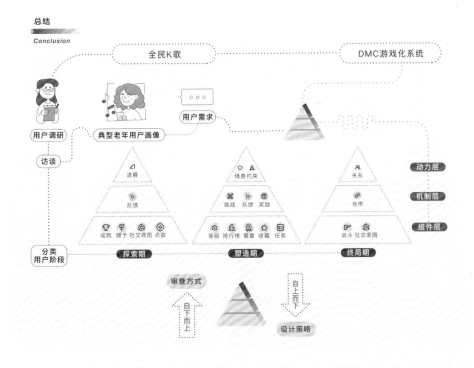

图1-9 老年视角下"全民K歌"中DMC游戏化系统的应用研究，PPT页面节选，在有限的页面中浓缩大量前期调研的内容，并呈现出清晰的分类结论。作者：王妍，指导老师：蔡燕、吴南妮、潘永亮

2. 可视化软件

工欲善其事，必先利其器。无论是从哪个领域进入数据分析的实践阶段，仅了解图表类型显然不足以展开具体操作。随着计算机技术的成熟与优化，线上资源日益丰富，但可应用的数据可视化软件众多、功能繁杂，对用户自身的知识储备也提出了不同的要求。对于艺术学科学生或从业者而言，编程方面的技术要求就可能会让他们望而却步。如何去选择学习，往往也是很多初入门新手要面对的难题。

市面上常见的软件工具根据使用难易程度可分为不需要编程与需要编程两大类别。不需要编程的软件很多，上手容易，操作简单。例如大家熟知的 Excel 图表，它几乎是所有数据分析从业者必备的工具之一。除了数据采集初期可以用于数据分类及运算之外，它内置的图表类型也具有多种样式，极为丰富。具体来说，Excel 主要应用的三类功能有：图表制作、内置函数，以及数据透视表。简便快捷的设置选项以及所见即所得的制图体验，都是处理小数据量的图表制作的首选。大部分人都以为 Excel 只会处理表格，但事实上你可以把它当成数据库，也可以把它当成 IDE，甚至可以把它当成数据可视化工具来使用。它可以创建专业的数据透视表和基本的统计图表，但由于默认设置了颜色、线条和风格，选择的范围有限也意味着用 Excel 很难制作出能符合专业出版物和网站需要的数据图。虽然它难以创建看上去"高大上"的视觉效果，但仍然非常值得推荐使用。

随着信息技术的不断成熟，很多数据可视化工作也逐渐通过线上处理完成。有很多网页在线工具能专门用于执行数据可视化，通过简单的数据输入，即可选择转换为样式丰富的图表呈现，而且大多具备零门槛易实现的优势。例如百度 Echarts、词云在线网站、花火、九数云、Datawrapper 等，只需要上传基本的 Excel 格式便可以快捷生成图表，既可以在线上直接进行编辑，也可导出 SVG 在 Illustrator 软件上展开进一步的图形处理，为数据和信息进行可视化增值。基于本身的局限性，软件在视觉转译的自由度上虽然有些限制，但对新手而言，非常快捷及友好。

编程类型的可视化软件可在面对海量数据时，进行更加复杂的运算。常用的数据分析工具有 Power BI、Python、Tableau、D3.js 等，相对比而言，Power BI 易于使用，直观干净的界面对初学者非常友好（图 1-10、1-11）。它在单个文件中创建多个仪表板，使数据可视化，并作为报告运行。它还可以连接到从简单的 CSV 文件到 SQL 服务器等数据库的广泛数据源，同时支持 Python 的实现。Power BI 最吸引人的特点之一是，其桌面版本也称为 Power BI Desktop，是完全免费的，可用于个人使用和学习，这是许多突出的数据分析工具中没有的优势。现在 Python 语言越来越流行，尤其是在机器视觉、机器学习与深度学习等领域。使用 Python 可以计算高级数学和统计计算，以便进行分析，并从原始数据中获得见解。Python 虽然是一种编程语言，而不是独立的数据分析工具，

Excel 作为一个入门级工具，是快速分析数据的理想工具，也能创建供内部使用的数据图。

Power BI 是微软开发的离线和云数据分析工具，有助于整合和摄取来自多个无关来源的数据，对数据进行各种预处理、转换和塑造，帮助我们构建仪表板报告和交互式可视化。

Python 是数据科学领域的专业编程语言，可视化也是它的强项。

D3.js 主要使用 JavaScript 库来创建和处理数据图表和模板。D3.js 强调 Web 标准为用户提供了现代浏览器的全部功能，无须将自己与单一框架联系起来，并结合了强大的可视化组件。D3.js 是用于处理文档的最佳数据可视化库。

图 1-10　Power BI 平台的界面

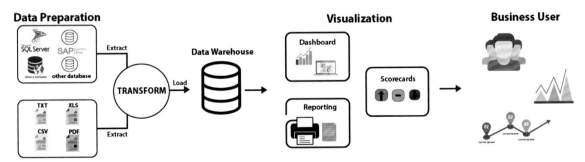

图 1-11　Power BI 微软云解决方案，包含各种软件服务、连接器和应用程序。

图片来源：https://k21academy.com/microsoft-azure/data-analyst/what-is-power-bi/

但能够使用专门为数据分析和工程创建的各种模块和库。这些库包含大量用于科学计算的工具和功能。NumPy、Panda、Matplotlib、Scikit 等是 Python 中用于分析和计算的一些非常突出的库，可进行静态或动态的数据可视化。

D3.js 是由 Mike Bostock 开发的开源 JavaScript 库，用于使用 SVG、HTML 和 CSS 在 Web 浏览器中创建自定义交互式数据可视化，由于它使用 JavaScript 库，因此在为数据可视化呈现选择正确的图表或模板时，会有更多的选择。从简单项目到复杂应用程序，它都可以处理。这也就意味着与其他工具相比，它可以提供更多的数据可视化呈现选项，但同时它也是最复杂的免费数据可视化工具。

Tableau 是一个跨平台支持的数据分析和可视化工具，可用于所有类型的设备，无论是台式机、笔记本电脑、移动设备，还是应用程序或浏览器。然而，由于软件使用成本高昂，缺乏供个人使用的完全免费版本，更适合企业和组织，而不是纯粹的个人学习。

编程语言的学习成本高，对于艺术类学生来说难度大，不易掌握。如果从艺术创作的可视化需求上来说，他们可以选择 Processing 或 TouchDesigner 这一类专门为数字艺术和视觉交互设计而创建的开源编程软件。不管是学习文本式编程，还是钻研模块组件类型的编程软件，基于计算机底层逻辑搭建上的共通点，掌握这些都将会改变视觉艺术在表现上的创新思维探索。

Tableau 特点是通过优化的后端查询实现拖放可视化，这减少了最终用户再次优化数据的需求。另外两个突出功能是其易用性（开发人员和最终用户）和高性能。Tableau 的主要客户是属于"计算机科学"行业的中型到大型公司和企业。

Processing 是一种开源编程语言，专门为数字艺术和视觉交互设计而创建，其目的是通过可视化的方式辅助编程教学，并在此基础之上表达数字创意。你只需要编写一些简单的代码，然后编译成 Java。目前还有一个 Processing.js 项目，可以让网站在没有 Java Applets 的情况下更容易地使用 Processing。由于端口支持 Objective-C，你也可以在 iOS 上使用 Processing。Processing 虽然是一个桌面应用，但也可以在大多数平台上运行。此外，经过数年发展，Processing 社区目前已经拥有大量实例和代码。

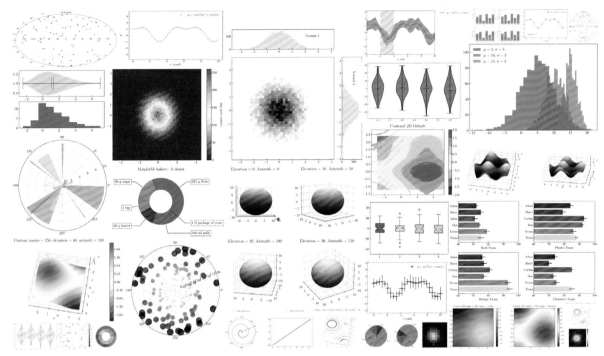

图 1-12 使用 Matplotlib 库生成的各种类型图例。作者：Rizky Maulana Nurhidayat

图片来源：https://towardsdatascience.com/visualizations-with-matplotlib-part-1-c9651008b6b8

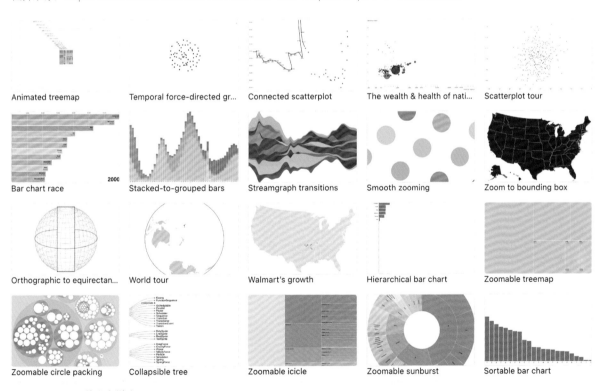

图 1-13 D3.js 的图表样式

图片来源：https://observablehq.com/@d3/gallery

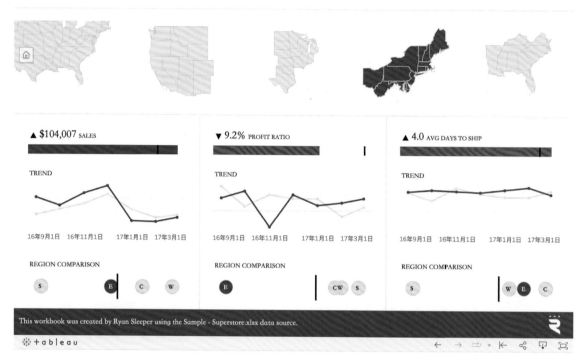

图 1-14　Tableau 的图表样式

图片来源：https://www.tableau.com/data-insights/dashboard-showcase/superstore

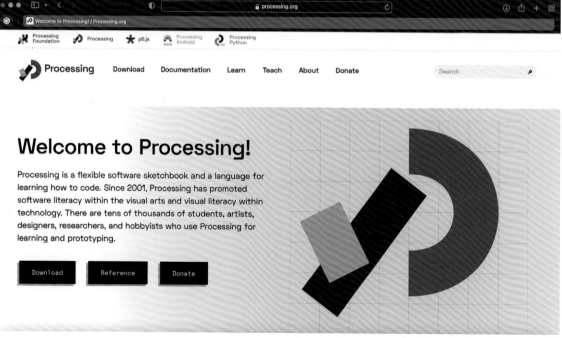

图 1-15　Processing 官方网站

图片来源：https://processing.org

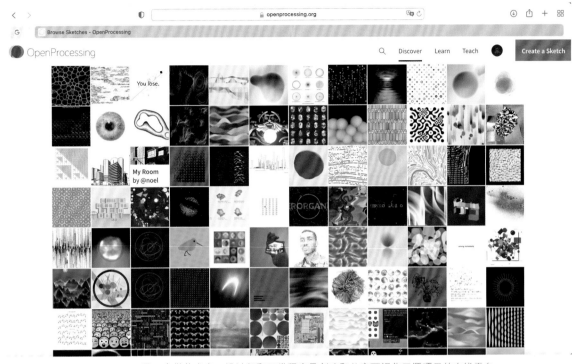

图 1-16　OpenProcessing.org 是一个供艺术家、设计师和日常程序员创建和共享可视化开源项目的在线平台。
图片来源：https://openprocessing.org/browse/

　　以上介绍的是几款不同类型的常用可视化软件工具，更详尽的工具简介可查询附录，并建议通过网络资源，进行更深入的了解与学习。任何软件工具的优劣都很难一概而论地判断，每个人的学习习惯与知识结构基础不同，因此对事物的见解与认知也有差异。人们总会为庞大数据生成图形的繁杂绚烂而着迷，但可视化艺术作品的优秀与否并不等同于所使用技术的难易程度。根据个人能力与实际需求选择一款适用的软件助力，那么在面对海量数据时，计算机的高效运算不仅能令工作事半功倍，还能令你收获意想不到的发现。

　　数据可视化的本质是视觉对话，将数据分析技术与图形技术结合，清晰有效地将分析结果进行信息解读和传播。因此，在选择大数据可视化工具时，需注意是否可处理不同属性类别的输入数据；是否可以扩展到其他软件来接收输入数据，或为其他软件提供输入数据；以及是否能够为用户提供协作选项。软件学习资源的开放性与多元化为学生掌握工具提供了各种途径与方法。但在学习过程中，学生尽量根据自身的实际条件去选择，避免盲目跟从或多变。另外，了解软件工具的底层逻辑，可提高自身的通用软件素养，因此，建议艺术类学生多接触编程类的软件学习，无论最终是否能掌握熟练，深入了解后你会发现这是从使用工具到创造工具的一种质的改变，这样的变化将会带给数据艺术创作更多的创新与可能性。

第二节　数据可视化的历史与发展

一、第一阶段：前计算机时代的历史演变

数据统计是一门古老的学问，同时也是一门常新的学问（图1-17、1-18）。据记载，我国夏禹时代，地分九州，人口1355万。《尚书·禹贡》记述了九州的基本土地状况，被西方经济学家推崇为"统计学最早的萌芽"。在17世纪之前，数据可视化主要存在于地图领域，显示土地标记、城市、道路和资源。随着对更精确的测绘和物理测量需求的增长，以及人口统计学的开端和政治版图的发展，以图形方式表示定量信息的想法衍生出来。人们开始了可视化的思考，因此17世纪被视为数据可视化的开端。

数据可视化

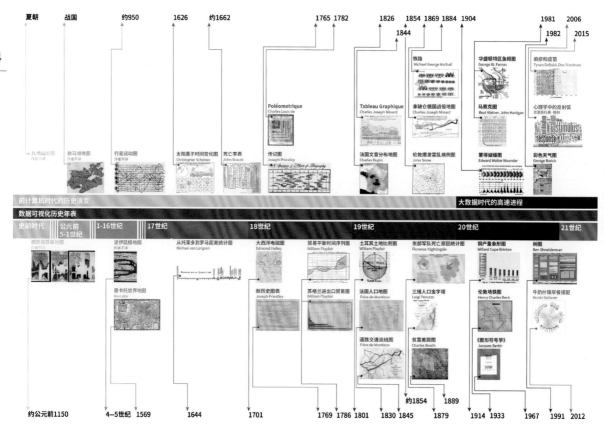

图1-17　数据可视化的历史发展

直到 18 世纪末，人们才开始利用图形的潜力来表现定量数据。随着统计图形和主题制图在应用中的爆炸性增长，柱状图、饼状图、直方图、折线图、时间线、轮廓线等图表类型的多样化，令制图从单一地图发展为全面的地图集，描绘了涉及经济、社会、道德、医学、身体等各种主题的数据，同时演化出了可视化思考的新方式。由于当时新印刷技术的出现恰逢教育的快速扩张，教科书插图、学校地图集以及新型壁画等，创造出了一个强大且竞争激烈的教育出版市场。没有人比 19 世纪最有影响力的教育家之一艾玛·威拉德（Emma Willard）更好地利用了这一机会。艾玛·威拉德是一位领先的女权主义教育家，她所创作的历史和地理教科书让整整一代学生都接触到了她深切的爱国叙事。她试图将大数据转化为可管理的视觉形式，所有叙事的方法都充满了创新和创造性的信息图片。这些独特并具有开创性的制图（图 1-19、1-20）为今天的图表和图形制作奠定了基础。

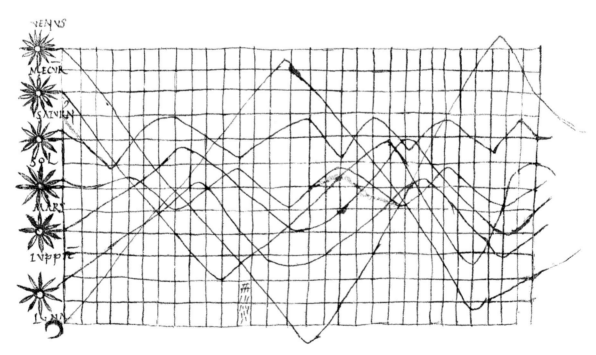

图 1-18　绘制于 10 世纪欧洲的《行星运动图》是已知人类文献中最古老的线形图。它被用来描绘行星轨道随时间变化的趋势。虽然年代久远，但图表中已经包含了很多现代统计图形元素，如坐标轴、网格、时间序列等。

图 1-19 《时间圣殿》（1846 年），作者：艾玛·威拉德（1787—1870）

威拉德在 19 世纪 40 年代出版的 "时间圣殿"，试图将时间与地理相结合：通过视觉惯例来放大寺庙的建筑，以印有这个时代最杰出的政治家、诗人和战士名字的柱子为代表来表示不同世纪，随着时间的消退，规模逐渐缩小，将观众的注意力转向了近代历史，利用单点视角在记忆宫殿的空间中布置信息，帮助读者形成更大、更连贯的世界历史画面。

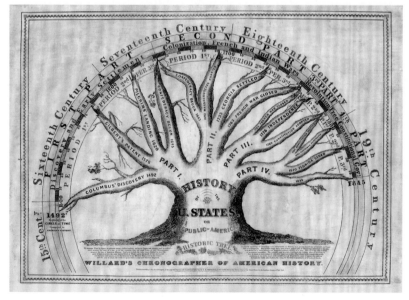

图 1-20 《威拉德的美国历史计时师》（1845 年），作者：艾玛·威拉德

这棵树描绘了这个国家的完整历史，北美的所有殖民历史只是美国预定崛起的背景故事。这棵树还增强了连贯感，将混乱的过去组织成一系列分支，阐明了过去的国家意义。最重要的是，时间之树向学生传达了一种历史朝着有意义的方向发展的感觉。

图片来源：https://publicdomainreview.org/essay/emma-willard-maps-of-time

苏格兰人威廉·普莱费尔被称为"现代信息图表奠基人",他发明了线条图、条形图、面积图与饼状图等,开创了许多至今依然常用的图表。首次收录于1786年出版的《商业和政治地图集》中的苏格兰进出口贸易图(图1-21),以离散定量比较的方式显示了苏格兰与欧洲和新世界各个地区的贸易平衡。通过这种方式显示数据,人们很容易发现苏格兰与爱尔兰的紧密经济联系以及与俄罗斯的贸易不平衡。在此之后,统计图图形学的繁荣时期到来了。

19世纪中期,随着之前设计与工艺创新的日渐丰富,可视化快速发展的条件逐渐成熟。认识到数字信息对社会计划、工业化、商业和运输的重要性日益提高,在1830—1849年,出现了所谓"统计狂热时代",各国相继成立了统计机关和统计研究机构。高斯(Johann Carl Friedrich Gauss,1777—1855)和拉普拉斯(Pierre-Simon Laplace,1749—1827)发起的统计理论,经由安德烈-米歇尔·格雷(Andre-Michel Guerry,1802—1866)与阿道夫·奎特勒(Adolphe Quetelet,1796—1874)一起将概率与统计扩展应用到了社会领域,这样可以更好地了解潜在的因果因素,并提供了获取大量数据的手段。

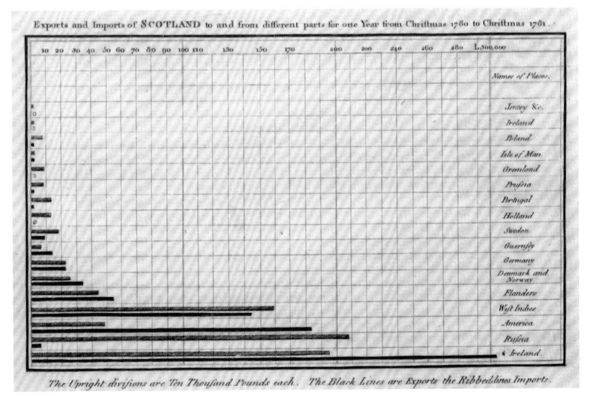

图1-21　1781年苏格兰进出口贸易图,作者:威廉·普莱费尔

1854 年，约翰·斯诺（John Snow）使用散点图映射了 1854 年的宽街霍乱疫情（图 1-22）。他还使用统计数据来说明水源质量与霍乱病例之间的联系，这表明该疾病是通过受污染的水传播的，而不是以前认为的空气传播的。斯诺的研究是公共卫生和地理历史上的重大事件，它被认为是流行病学的创始事件。1857 年，弗洛伦斯·南丁格尔（Florence Nightingale，1820—1910）发明了鸡冠花图（又名"南丁格尔玫瑰图"，图 1-23），色彩缤纷的图表形式可以令人加深对数据的印象，在当时对资料统计的数据不受人重视的焦虑下，南丁格尔发明了这种集合饼状图与极坐标系的混合型图表，在用蓝色强调的部分，她展示了军队的大多数

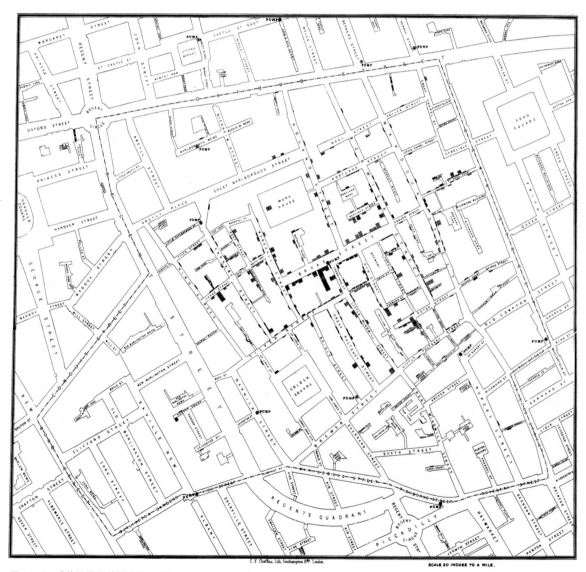

图 1-22　《伦敦爆发的霍乱病例群》（1854 年），作者：约翰·斯诺

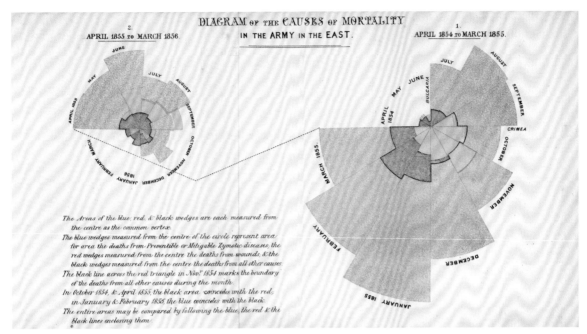

图 1-23 南丁格尔玫瑰图——东部军队死亡原因统计图，作者：弗洛伦斯·南丁格尔

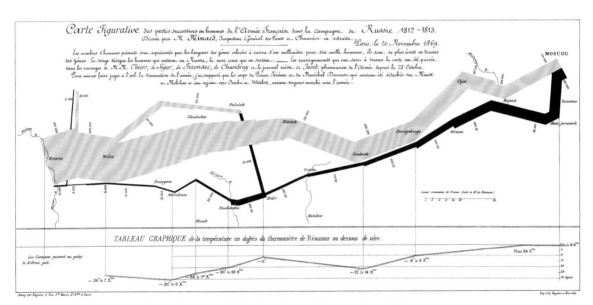

图 1-24 1812—1813 年对俄战争中法军人力持续损失示意图，作者：查尔斯·米纳德

死亡可以如何避免。此类图表用以向维多利亚女王介绍军队的死亡率，并获得了医务改良方案的支持。1861 年，法国土木工程师查尔斯·米纳德（Charles Joseph Minard，1781—1870）绘制了著名的拿破仑 1812 年的莫斯科战役图（图 1-24），图中通过两个维度呈现了六种资料：拿破仑军的人数、距离、温度、经纬度、移动方向，以及时间与地点的关系。米纳德利用线条的粗细来呈现双方军队的伤亡人数（一毫米相当于一万名士兵），同时也绘出当时行军的路线与时程。这张图被认为是"数据可视化"的经典之作，也是首次以能量流动的方法来呈现数据的变化。

19 世纪末期，法国工程师利昂·拉兰内（Léon Lalanne，1811—1892）建造了第一个等高线图（图 1-25）。他将自然地理中显示地表海拔的等高线图（由 Buache 于 1752 年首次发布），作为表示多变量数据的方法。随着更多统计数据的到来，平面二维图形用于表示数据的局限性变得越来越明显。1879 年，路易吉·佩罗佐（Luigi Perozzo，1856—1916）从瑞典 1750—1875 年的人口普查数据中引入立体图的概念，绘制了三维人口金字塔（图 1-26）。此图与之前所看到的可视化形式有一个明显的区别在于开始运用三维形式，并使用彩色表示了数据值之间的区别，提高了视觉感知。如果说 19 世纪初是统计图形和专题制图的"黄金时代"，那么随着 19 世纪结束，数据可视化的第一个黄金时期也逐渐进入了低谷。尤其在数理统计诞生后，追求数理统计的数学基础成为首要目标，而图形仅仅作为一个辅助工具，缺乏创新力。当然，这个时期依然还是有不少标志性作品诞生。例如哈利·贝克（Henry Charles Beck，1902—1974）所设计的概略式改良版伦敦地铁线路图（图 1-27），在此之前的伦敦地铁路线图（图 1-28），都完全忠于实际的地理比例，而且通常直接叠在城市的街道图上方，整张图错综复杂、元素过多，不易阅读。1931 年，哈利·贝克在替伦敦地铁的讯号室绘制电路图时获得了灵感，他认为对于地铁乘客最重要的资讯，并不是路线的形状或车站位置的真实度，而是如何看出各站之间的往返途径或如何查找转乘的地点。因此，在他绘制的路线图中，整个系统图就像电路板一样的规格化，大部分车站站距整齐划一，路线也都安排成垂直、水平或 45 度角，再使用颜色区分，使得整幅地图在视觉上更加简明易懂。目前全世界地铁图依然在使用这种图形的表现形式，而距离发明时间已经过去近一个世纪。当然，低谷时期也并没有太长久，因为计算机的诞生，随之而来的是一个划时代的变革。

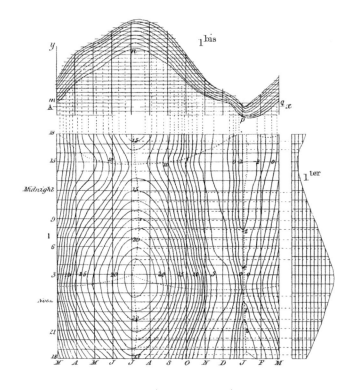

图 1-25 数字数据图形表示的早期示例，在
1845 年左右制作的存储一年气候数据的图表。
作者：利昂·拉兰内

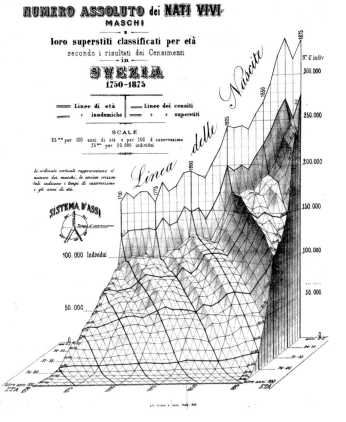

图 1-26 1750—1875 年瑞典人口普查图（三
维人口金字塔，1879 年），作者：路易吉·佩
罗佐
路易吉·佩罗佐将 1750 年至 1875 年瑞典人口
的年龄分布显示为三维表面。人口普查年份从左
到右，年龄从前（老）到后（年轻），表面的高
度代表该年龄段的人数。
图 片 来 源：https://friendly.github.io/
HistDataVis/ch08-flatland.html

数据可视化

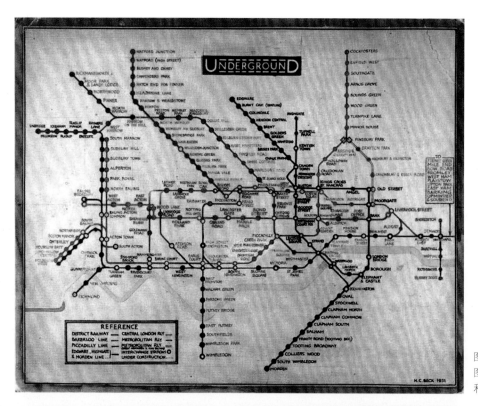

图 1-27　伦敦地铁线路图（1931 年），作者：哈利·贝克

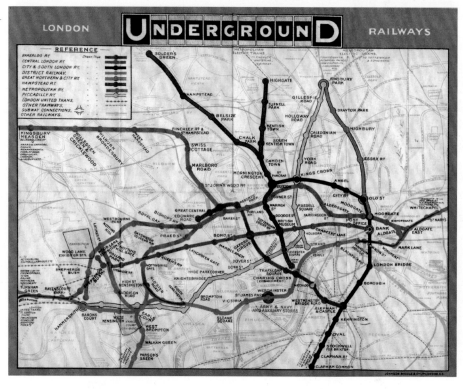

图 1-28　1908 年版的伦敦地铁图

地图中显示都会区不仅路线较密集，车站较多，站距也较短，但郊区则站距太长，若要忠实符合比例尺，整张图必须够大张才能清楚显示市区路线。

图片来源：伦敦运输博物馆收藏

二、第二阶段：大数据时代的高速进程

伴随着计算机技术的不断发展，计算技术和一系列新技术、新方法在统计领域不断得到开发和应用，使数据的搜集、处理、分析、存储、传递、印制等过程日益现代化，提高了统计工作的效能。计算机技术的发展，日益扩大了传统与先进统计技术的应用领域，促使统计科学和统计工作发生了革命性的变化。而今，现代电子计算机的诞生彻底地改变了数据分析工作现状。到 20 世纪 60 年代晚期，大型计算机已广泛分布于西方的大学和研究机构，使用计算机程序绘制数据可视化图形逐渐取代了手绘的图形。高分辨率的图形和交互式的图形分析，展现了手绘时代无法实现的表现能力。数理统计把数据可视化变成了科学，世界大战和随后的工业与科学发展导致的对数据处理的迫切需求把这门科学运用到了各行各业。

1977 年，美国统计学家约翰·怀尔德·图基（John Wilder Tukey，1915—2000）在《探索性数据分析》（*Exploratory Data Analysis*）一书中第一次系统地论述了探索性数据分析（图 1-29）。

1987 年，由布鲁斯·麦考梅克（Bruce H.McCormick）、汤姆斯·蒂凡提（Thomas A. DeFanti）和玛克辛·布朗（Maxine D. Brown）所编写的《美国国家科学基金会报告》（*Visualization in Scientific Computing*，意为"科学计算之中的可视化"）之中强调了新的基于计算机的可视化技术方法的必要性（图 1-30）。由于计算机运算能力的迅速提升，人们建立了规模越来越大、复杂程度越来越高的数值模型，从而造就了形形色色、体积庞大的数值型数据集。随着计算机技术的飞速发展与普及，计算机给了统计学家越来越强大的收集和存储数据的能力，以及快速且轻松地制作可视化信息的方法。

20 世纪后期被称为"数据可视化的重生"阶段。1983 年，耶鲁大学的统计学家爱德华·塔夫特（Edward Tufte，1942— ）撰写了《定量信息的视觉呈现》，这本书至今仍在大学课程中使用，以进行数据可视化和统计分析的教学（图 1-31）。1999 年，美国研究员斯图尔特·卡德（Stuart K. Card，1943— ）与乔克·麦金莱（Jock Mackinlay）等人共同编著的《信息可视化中的

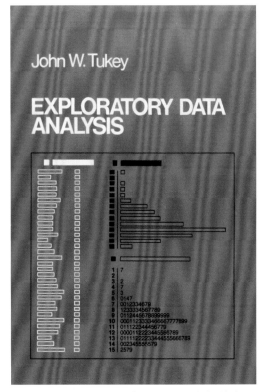

图 1-29 《探索性数据分析》（1977 年），作者: 约翰·怀尔德·图基

图1-30 《美国国家科学基金会报告》,（布鲁斯·麦考梅克、汤姆斯·蒂凡提和玛克辛·布朗所编写的）

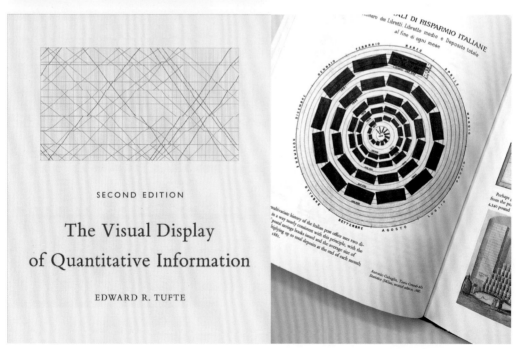

图1-31 《定量信息的视觉呈现》，作者：爱德华·塔夫特

塔夫特认为数据图形学通过点、线、坐标、数字、符号、语言、阴影和颜色等对测量数据进行视觉化展示，不仅仅是对统计表格的代替。他认为图像是对定量信息推理的工具，通常也是描述、探索和总结数据集最有效的方式。

阅读：用视觉思考》（*Reading in Information Visualization: Using Vision to Think*）是第一本收集所有与数据可视化相关文献的书籍，标志着信息可视化（Information Visualization）成为学术界一个新兴的研究领域。

进入 21 世纪，随着移动互联网、智能手机的普及与发展，我们面临着资讯的爆发性增长。数据已经渗透到当今每一个行业和业务职能领域，成了重要的生产因素。研究人员以越来越多富有想象力的方式探索数据，并优化数据可视化的科学艺术，将其发展至新的高度。人们不但利用医学扫描仪和显微镜等数据采集设备产生大型的数据集，而且还利用保存文本、数值和多媒体信息的大型数据库来收集数据，也因此衍生了更高级的计算机图形学技术与方法来处理和可视化这些规模庞大的数据集。大数据时代的来临，给人们的生活、工作与思维带来了大变革。

第三节　数据艺术

数据艺术起源于当代计算机科学中的数据可视化领域，很难从定义上对两者进行严格的区分。数据艺术可视作是以艺术创作为目的的数据可视化，区别于以科学研究与分析为目的的数据可视化类型。在计算机领域顶级的可视化研讨会议上，独立的"艺术项目"分类出现了，为数据艺术创作者与计算机工程科学家提供了融合交流的平台。上两节内容我们了解了数据可视化的发展进程，不难发现，计算机科技的快速发展引发的大数据时代背景是数据艺术兴起的催化剂，但关于数据作为艺术作品的探索，似乎还要更早一些。

1970 年，美国艺术评论家杰克·伯纳姆在纽约犹太博物馆策划了首次大型展览"软件"。这是一场具有分水岭意义的展览，其副标题为"信息技术：其艺术的新意义"，将计算机与艺术家的概念作品并列，认为艺术和文化正在从基于对象过渡到基于系统。同年，德裔美国艺术家汉斯·哈克（Hans Haacke）提议在纽约现代艺术博物馆举行名为"信息"的展览，并在展览上展出了名为"MoMaPoll"的实时系统装置（图 1-32），包括一个标志、两个透明盒子、一个光电计数装置和一套附加在博物馆团体展览信息上的选票。作品邀请访问者就民意调查问卷进行投票。这个装置是在艺术界被称为"机构批评（Institutional Critique）"的早期例子。民意调查的选票作为作品的数据依据，发展出一种新的艺术表达方式，作品 MoMaPoll（图 1-33）于 2019 年被《纽约时报》引用为定义当代的艺术品之一。

生活在互联网时代的人们每天都在生产和更新各类文化数据，而计算机技术的发展提供了研究它们的创新方法。这令数据科学家与艺术家们获得了创作的灵感源

数据可视化

图 1-32　MoMaPoll（1970 年）
问题：洛克菲勒州长没有谴责尼克松总统的中
　　　南半岛政策，这是您在 11 月不投票给他
　　　的理由吗？
答案：如果选择"是"，请将您的选票投到左
　　　侧框中；如果选择"否"，则投进右侧
　　　的框。
"Ballots"被访客投进两个有机玻璃投票箱中
的任意一个，最后选择"是"的频率是选择"否"
的两倍。

图 1-33　现代艺术博物馆举办的"信息"展
　　　览现场——MoMaPoll（1970 年），艺术家：汉
　　　斯·哈克
1970 年在现代艺术博物馆举办的"信息"展览
据称是美国博物馆举办的首次概念艺术展览。
艺术家汉斯·哈克将 MoMaPoll 这个系统视为艺
术，包含了查询、响应算法及其视觉反馈。

泉，探讨以数据为创作材料的作品的艺术特征和艺术价值，在短时期内涌现出了大量以数据为内容和材料的艺术作品。数据艺术类型非常丰富且多元化。根据离线或在线两种不同的数据状态，数据艺术类型可分为静态数据艺术、动态数据艺术（包括了强调参与者作用的实时交互数据艺术的分支）两大类别。

1. 静态数据

　　静态数据艺术中所使用的离线数据是指已经存储于硬盘中的数据文件或数据库中的数据集。在运行过程中主要作为控制或参考用的数据，它们在长时间内不会发生变化，一般不随运行而变。例如由伦敦大学学院教授詹姆斯·切希尔（James Cheshire）与《国家地理》前设计编辑奥利弗·乌伯蒂（Oliver Uberti）合作创作的数据驱动的地图集《可视化隐形》（*Atlas of the Invisible*）（图1-34、1-35），将巨大的数据集转换为丰富的地图与尖端的可视化作品。虽然是静态的数据艺术表现形式，但作者丰富有趣的视觉叙事为读者探索了全球各地的生活幸福水平，追踪连接了我们的海底电缆和蜂窝塔，检查了地缘政治的隐藏疤痕，并说明了星球变暖如何去影响飓风的形成……作品通过数据可视化的设计方法对人类社会隐藏模式进行了史无前例的创新描绘。

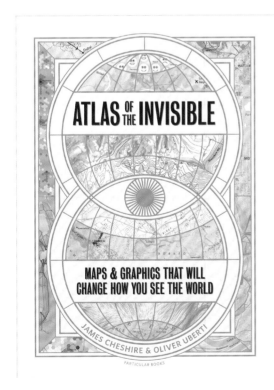

图1-34　由数据驱动的地图集《可视化隐形》，作者：詹姆斯·切希尔、奥利弗·乌伯蒂
作者没有遵循地图集描绘可见地理特征的传统理念，而是将巨大的数据集变成了强大的图形。这一系列地图使用大型数据集开发，揭示了讲述特定故事的隐藏模式。

图 1-35 《可视化隐形》书籍内页，（上）世界幸福报告——评估了全球 150 个国家的人们对整体生活满意度的数据。（下）末日时钟——科学与安全委员会根据现状对人类公共安全的追踪记录。图片来源：https://www.oliveruberti.com/atlas-of-the-invisible

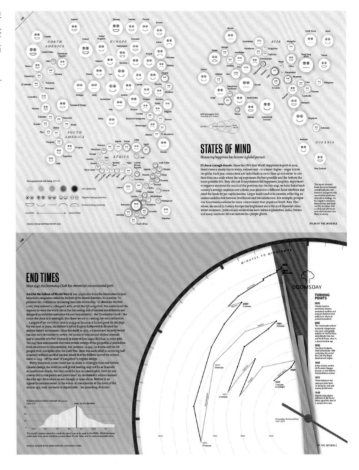

2. 动态数据

随着计算机技术的革新与进步，活用随时随地在我们身边流动穿梭的数据，探讨人、人工智能与数据之间的互动与微妙关联性，让艺术家参与数据创新有了更多维度的拓展。使用在线数据，即连接着传感器且实时生成新数据的数据源，配合计算机演算的方式，可以演化出震撼人心的视听效果。例如土耳其裔美国新媒体艺术家拉菲克·安纳度（Refik Anadol，1985—　）所创作的数据雕塑《融化的记忆》（*Melting Memories*）（图 1-36），作品源于艺术家对加州大学旧金山分校神经景观实验室提供的先进技术工具的实验。拉菲克·安纳度通过脑电图收集认知控制神经机制的数据，并提供了大脑随着时间的推移如何运作的证据（图 1-37）。这些数据集构成了艺术家在展示多维视觉结构时所需的独特算法的基石，然后由数据绘画、增强数据雕塑和光投影完成最终视觉呈现，使观者能够体验对人类大脑内运动的动态美学诠释。

即使脱离了计算机，一切可以通过某种方式转化成数字的对象也同样能被定义为数据。例如英国艺术家蒂姆·诺尔斯（Tim Knowles）的《树画》系列作品，便利用自创工具对不同树木随风摇曳的动态轨迹数据进行了采集与画作的转译。按照这种广义的观念，还可以进一步对数据艺术范畴进行扩展（图 1-38）。

图 1-36　《融化的记忆》，艺术家：拉菲克·安纳度

Engram：数据雕塑，（6m×5m）3MM LED 媒体墙，定制软件。

动态视频：https://refikanadol.com/works/melting-memories/

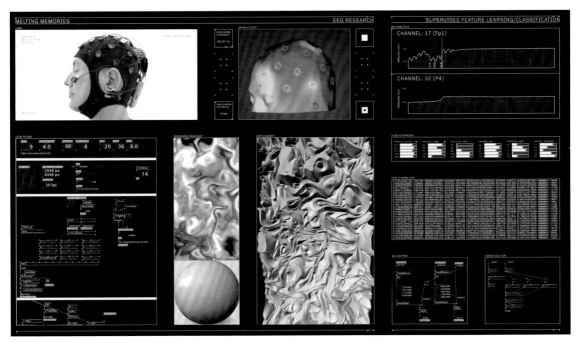

图 1-37　《融化的记忆》艺术演算的工作流程

数据可视化

图1-38　画架上的落叶松（四支钢笔），2005年。作者：蒂姆·诺尔斯
左图：将艺术家的素描笔贴在树枝上，然后把纸张放好，记录树木的自然运动及它们的静止时刻。右图：每幅画作就像签名一样，揭示了各种树木在微风中摇摆的不同品质和特征：橡树放松、流畅的线条，落叶松微妙的试探触感，山楂的僵硬、略带神经质的划痕。过程是工作的关键，因此每幅树绘图都附有一张照片或视频，记录其创建的位置和方式。
图片来源：https://www.cabinetmagazine.org/issues/28/knowles.php

无论使用哪种数据类型进行创作，其目的均为重构大众对于数据的感知。数据艺术是通过数据驱动的基于数字处理和视觉映射的艺术表现形式，使用的技术与方法是将数据从数理、具象转换到感官、抽象映射的处理，将原始、冰冷的数据赋予了视觉、听觉、触觉等多感官的认知，创造出独特的、富有情感的艺术面貌，区别于以科学计算与数据分析为目的的可视化设计，以及其他计算机艺术、算法艺术，或者更大概念上的新媒体艺术以及装置艺术。数据艺术是一种以真实数据驱动，综合运用数据可视化方法、图形影像技术进行创作，并承载全媒体的艺术形态。此定义的核心为"真实数据"，确保数据来源的真实性，并通过数据驱动创作，而非人为主观设定。因此，数据艺术的最终形成是由创作者制定算法规则，并根据真实数据自动生成的。数据艺术作为当代科技思潮下产生的一类新艺术形态，具有独特的内涵和鲜明的时代性。

本章内容：培养数据逻辑思维能力，从原始数据的采集到信息过滤，再到运用数据讲故事的技巧，通过焦点数据的映射，最后转译为可视化图像视觉作品呈现。

学习目的：通过本章学习，培养视觉表现背后的系统逻辑思维能力，以及掌握数据可视化设计的基本流程与方法。

第一节　一切从数据开始

"数据就在这里，需要从中找到乐趣的是你。"

——阿曼达·考克斯（Amanda Cox）

数据采集是测量现实世界物理条件的信号采样过程，并将生成的样本转换为可以由计算机操作的数字数值。在所有数据驱动的艺术创作初始阶段，采集原始的数据，是设计者在调研时就需要思考并部署的重要步骤。但数据来源的物理属性，决定了其现象各异的多样性，例如温度、音频、光强度、声波、大小、距离、重量、数量、颜色、味觉等。无论要采集样本的物理属性如何，要进行测量则必须将其转换为统一的形式，并确定该形式可由数据进行样本的采集。数据来源多种多样，包括不同单位、不同层级、不同角色用户的数据上传等；类型多样化，包括图像、文本、语音、视频等文件数据；数据量大，增长迅速。经验告诉我们，寻求有效数据是进行挖掘与分析的关键，再多的工具与技术，在缺失优质原数据的前提下，都将失去作用。如果将错误、无意义的数据输入计算机系统，计算机也一定会输出错误、无意义的结果。这也是计算机科学与信息通信技术领域中常说的 GIGO 定律——"Garbage in, garbage out"，即输出的质量取决于输入的质量。

一、线上数据采集方式

计算机功能开发的强大以及互联网的高速发展，为线上数据采集提高了效率与便捷性。常见的线上数据类型主要分为开放数据、第三方平台数据与物理数据。开放数据是一类可以被任何人免费使用、再利用、再分发的数据，它具有可访问性与可获取性，以及普遍的参与性，同时被允许再利用与再分发，通过搜索引擎查询。

现阶段可找到的城市开放数据官方机构很多，例如中国开放数据平台（图 2-1），便集合了 4000 多个全国已开放数据部门。国外也有如定位空气污染与健康数据的 Health Effect Institute 平台（图 2-2），全球海关数据公布平台 UN Comrade Database（图 2-3）等，根据设计者的数据类型需求，如果想获得某些特定的类型数据，也可通过第三方平台所提供的 API 接口来调取相关数据。例如 TalkingData（图 2-4）作为独立的第三方移动数据服务品牌，是给 APP 开发者使用的统计分析工具。APP 可通过该平台了解每天有多少用户在使用、有多少是活跃用户、留存率怎么样、在不同的渠道里转化率有多高等。这个工具对于早期 APP 开发者有很大的价值，TalkingData 不仅专注于数据智能应用的研发和实践积累，同时积极推动了大数据行业的技术演进。

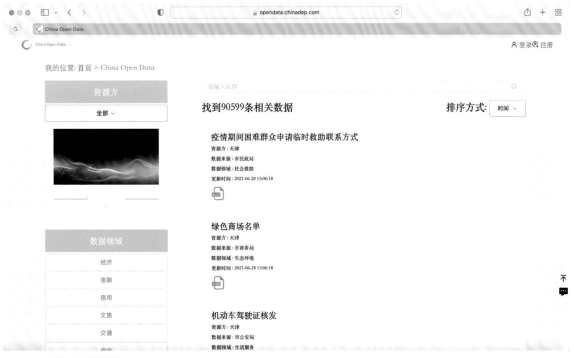

图 2-1　中国开放数据平台
官方网址：https://opendata.chinadep.com/

图 2-2　Health Effect Institute 平台

该网站的数据参考定位是空气污染与健康。健康影响研究所是一家独立的非营利性组织，专门研究空气污染对健康的影响。
上面许多公布的文章会附带科研数据。

官方网址：https://www.healtheffects.org

图 2-3　UN Comtrade Database

全球海关数据公布平台，其定位是商业外贸的数据。该平台还附带生成 Excel 的功能是官方认证且使用便捷的平台。这个数据
库准确度（部分类别）与国家统计局的有出入，特别是 10 年之前的数据，在选择的时候要有所取舍。

官方网址：https://comtrade.un.org

图 2-4 TalkingData
围绕 TalkingData SmartDP 数据智能平台构建"连接、安全、共享"的数据智能应用生态，致力于用数据＋算法＋技术的能力为合作伙伴创造价值，帮助商业企业和现代社会实现以数据为驱动力的智能化转型。
官方网址：https://www.talkingdata.com

二、线下数据采集方式

数据采集的线下方式，更多偏向于设计者主观思维的驱动，这与作品创作对象有直接的关联性。在不具备线上采集条件的情况下，了解定性与定量的调研方法，有助于确定创作方向，并进行下一步的数据论证。

1. 定性研究

定性研究又称为"定性资料分析"，或者"质性研究资料分析"，是指对诸如词语、照片、观察结果之类的非数值型数据（或者说资料）的分析。具体的方法有参与观察、行动研究、历史研究法、深度访谈、案例研究、文献综述、话语分析、数据分析、焦点小组等。其中，参与观察是定性研究中常见的一种方法，其优势在于不仅能观察到被观察对象采取行动的动机、态度、过程，以及行动决策的依据，通过参与，研究者还能获得一个自己是特定环境中一员的感受，从而更全面地理解过程。由于样本量较小，定性研究往往用于收集用户的某些行为与使用习惯，并可采用归纳法，将观察、访谈所获取的材料逐步由具体向抽象转化。它有助于设计者在初期构建想法时进行探索性研究，之后再使用定量方法进行完善和测试。

另外，无论采用何种方法，在定性研究的过程中，必须掌握策划、执行、分析应用这三个主要步骤。这三个关键点决定了整个定性研究的结论是否有效。

① 策划的技巧

展开定性研究之前，需进行精心的策划与分配，例如访谈对象是谁，访谈的问题如何展开。如何让这些素不相识的被访者不受其他因素的干扰说出心里话，并确保其提供了最真实的信息，这需要很高的技巧。因此在这之前，需要先设计一份包括主要流程和具体内容的大纲，这样既能体现研究的目的性和科学性，也能大大地降低研究成本。

② 执行的细节

执行的关键在于细节的控制。选择对象、访谈环境、问题设置、谈话技巧等，每一个环节在执行的过程中都需遵循策略计划展开并完善细节的把控，确保结论的真实性不会因为执行的误导而产生偏移。

③ 分析的判断

在做分析与应用时必须具备准确的判断能力：哪些数据是有价值的？哪些数据是需要探究的？哪些数据是必须舍弃的？果断的判断与分析，可节省研究的成本，提高工作效率。

2. 定量研究

如果说定性研究为创作方向提出了切入的问题或假设，那么定量研究主要是为了测试和验证假设。从广义上讲，定量方法往往是结构化的、客观的、可衡量的、更有科学性的，通常会采用数据的形式对现象进行说明。定量研究主要用观察、实验、调查、统计等方法研究对象，对研究的严密性、客观性、价值中立都提出了很严格的要求，以求最终的客观事实。这个过程往往需要较大的样本量，间接地收集用户的行为和态度，并通过手机资料、证据来评估之前预想的模型、假设或理论。常见方法有：问卷调查、实验法、数据录入分析与 A/B 测试等。

定量研究和定性研究收集数据的方式不同，它们用于解答各种不同的研究问题。想要理解某物（某些概念、观点或经历），那么采用定性研究；想要证实或者测试某物（某种理论或假说），则采用定量研究更合适（图 2-5）。

在了解数据采集的方法与作用之后，实践过程中并不需要严格去区分其类型，针对大多数的研究命题可以从线上采集、线下采集或多样混合方式中进行选择。先采用定性方法对研究对象展开深入的调研，确定趋势与观点，再利用定量采集数据展开对比与分析，更好地了解观点背后的原因。具体采用何种方式取决于你采用的是归纳法还是演绎法，你的研究问题具体是什么，你的研究是实验性研究、相关性

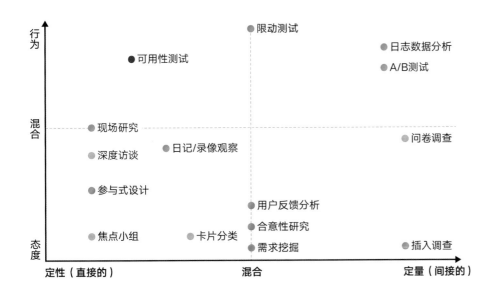

图 2-5　定性与定量的研究方法
图片来源：https://zhuanlan.zhihu.com/p/33316251

研究还是描述性研究，及其他诸如经费、时间、数据可得性等多方面的因素。

3. 取舍

要寻找数据背后隐藏的事实与意义，我们应该不断对采集的数据保持质疑的态度，并不是数字就一定是正确的。在初期，数据的检验过程经常会令创作陷入困境，如果不懂取舍判断，会消耗大量的时间成本。有效的数据可视化取决于所用信息是否干净、精确、有意义。如同优秀的叙事新闻总是充斥着大量的引语、事实与描述一样，数据可视化是否优秀取决于其数据质量高不高。尤其在采集数据样本花费了大量的时间与精力后，高昂的采集成本很容易影响对数据质量的判断，那么，了解以下的几种判断条件，可以辅助我们排除多余、无用的数据。

① 真实性

数据来源繁多，需判断其真实性。有时候，孤立的数据并无法讲出一个吸引人的故事。虽然一张包含趋势线或者统计数值概要的简单图表能起到一定作用，但是一个跟现实影响紧密结合的故事更能在第一时间有力地吸引读者。

② 数据量

正如俗话说："一个数字说明不了任何问题。"新闻编辑在引用数据时通常比较克制，他们会先考虑这个数字是跟什么去对比的，趋势走向是怎样，它表现是否正常。当数据量太少的时候，很难形成趋势，也无法说明现象。因此，当某种类型的数据无法获取大量样本时，需判断其数据类型的有效性。

③ 趋势变化

有时候将数据导入 Excel 或其他类似的制图 APP 后会发现信息很杂乱无章，或是一大堆波动曲线，又或是相对平直的趋势线。如果你掌握的是一堆模糊不清的数据，那么你需要做更多数据挖掘和分析工作。

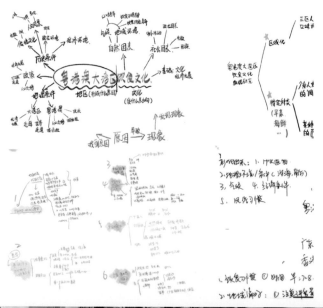

图 2-6　线下数据采集——课程作业《粤港澳大湾区饮食文化研究之煲汤文化》的影像数据。作者：梁岚、陈家琪、高梦娇、胡铭园，指导老师：蔡燕

前期确定采集调研的基本框架（上），从常用性、文化性及性价比三个维度展开对粤式煲汤文化中的炊具数据采集（下）。

前期调研

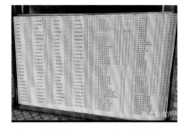

饮饮食食
∧/AD
粤港澳大湾区饮食文化的构建研究

资料整理

饮饮食食
∧/AD
粤港澳大湾区饮食文化的构建研究

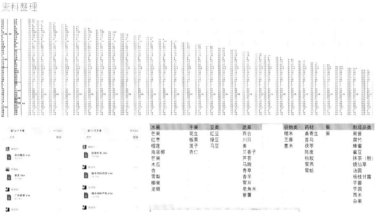

图2-7　线下数据采集——课程作业《粤港澳大湾区饮食文化研究之糖水菜品》的定量数据。作者: 陈则鸣、林晋鸿、麻格宁、谷奇，指导老师: 蔡燕

从粤港澳大湾区 11 座城市、57 家店铺最终采集了 14,202 份糖水单品数据，由这些数据中获得了糖水菜品的材料构成规律。

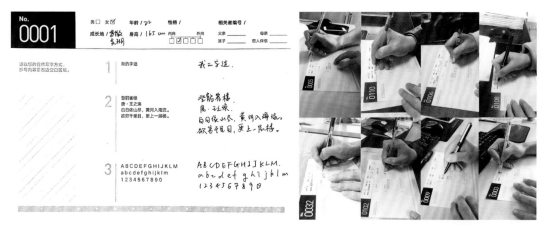

图2-8 线下数据采集——课程作业《字迹勘查计划》的采集数据卡及采集现场。根据作品创作内容的需求，可自行设计或选择多元的线下采集数据方法。左图为数据采集卡的设计样式，右图通过手动抄写的方式获取每个人不同字迹的图像数据。作者：刘学致、黄丹蕾，指导老师：蔡燕

信息架构

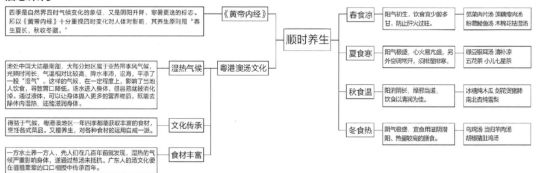

数据采集

种类-食材		食材-汤		汤-节气		汤/食材-功效			
素	红枣	鸡	淮山扁豆煲猪脚	淮山玉米排骨	雨水	女性内生殖系统		当归：补血调经、活血止血、润肠通便	羊肉：补中益气、安心止惊
荤	皮蛋	鸡	白果莲子糯米炖乌鸡	炒扁豆芡实淮山笋壳鱼	惊蛰	当归生姜炖羊肉		黄精：入脾、肺、肾经、补中益气、润心肺、用于治疗肺燥咳嗽、病后体虚、筋骨软弱	
素	金针菇	鸡	参芪猴头菇炖鸡	云苓北芪猪瘦肉汤	惊蛰	黄精炖猪瘦肉			
药	当归	鸡	北芪红枣乌鸡	参芪猴头菇炖鸡	雨水			哈密：润肺、利水消肿、大便秘结	猪肉：益肾补血、利水消肿、润肠生津
药	枸杞	鸡	免仁炖鸡爪	北芪红枣乌鸡	谷雨	哈密瓜苹果猪瘦肉汤		哈密瓜：清肺、润肠、补肺、肠、肺	
药	柏子仁	鸡	黄芪党仁炖乌鸡	北芪鲫鱼汤	小寒1.5	决明子炖茄子		决明子：清肝明目、疏散风热、润肠通便、降压、消脂	茄子：清热、活血、宽肠、通便
荤	火腿肉	鸡	春笋蘑菇脚鱼汤	黄芪党仁炖乌鸡	谷雨			肝、肾、皮肤	肝、肠、胃、眼睛
素	番茄	鸡	太子参黄芪炖鸡	当归黄芪虾仁	谷雨	北芪炖牛鱼		北芪：益正固表、利水消肿、生肌肤	鲈鱼：和脾胃、补中益气、安胎利水
荤	鲫鱼	淮山	淮山桂圆肉炖鸡脚	鸡蛋豆腐	立春	四乌补益汤		乌豆/黑豆：长筋骨、悦脾胃、益精血、明目宁心、延年益寿	乌鸡：氨基酸、蛋白质、维E2、维E、铁、锌、钠、钾含量更高
药	太子参	淮山	西洋参芡实排骨汤	菠菜豆腐豆芽	清明	南沙参冬瓜煲猪骨肉		参煎猪肉	
素	桂圆	淮山	淮山扁豆煲猪脚	姜蓉豆皮豆腐汤	立春	番茄马铃薯牛尾汤		牛尾：强筋健骨、补中益气、滋阴养血	番茄：健胃消食、生血养血
药	西洋参	淮山	芡实薏米淮山莲藕排骨汤	瘦肉豆腐	立春	猪肚煲鸡汤		胃、肠、肺、五脏、血脉、筋骨	猪肚（胃）：生津液、润肠胃
素	笋壳鱼	淮山	淮山扁豆煲猪脚	皮蛋豆腐	大寒1.20	冰糖炖雪耳		皮肤、肝	雪耳：润中益气、补虚损填精、益五脏、健脾胃、活血、强筋
素	莴笋	淮山	淮山玉米排骨	金针菇豆腐瘦肉汤	立春	除夕"年有"		脾、胃、皮肤	润肤养颜、舒筋顺气
荤	三文鱼	淮山	炒扁豆芡实淮山煲笋壳鱼	猪血韭菜大豆芽汤	立春	莲子花生百合奥猪肉		肾、心脏、脾、肺	莲藕：补脾益血、生肌润肤
				菠菜豆腐豆芽	清明			猪：补肾养胃	赤小豆：健脾养血、滋补强壮
									花生：健脾益气

图2-9 线上线下混合数据采集——课程作业《粤港澳大湾区饮食文化研究之顺时养生》。作者：简嘉宜、杨凯晴，指导老师：蔡燕

线上能找到的信息有时候会呈现出碎片化的状态，同时可通过查阅书籍、文献以及实地走访等线下方式获取更完整的资料，从多元角度按汤品名称、食材分类、对应节气、养生功效进行相关数据采集。

数据可视化

第二节　数据分析与挖掘

一、数据的预处理

在大数据时代，混乱的、无结构的、多媒体的海量数据通过各种渠道源源不断地积累和记载着人类活动的各种痕迹。数据的价值在于其所能够反映的信息。然而我们在收集数据的时候，可能一开始并没有完全考虑到未来的用途，只是尽可能广泛地收集数据。其次，为了更深层次地获得数据所包含的信息，可能需要将不同的数据源汇总在一起，从中提取所需要的数据，然而这就需要解决可能出现的不同数据源中数据结构相异、相同数据不同名称或者不同表示等问题。完成了原始数据采集后，对现有的数据进行预处理，以帮助后续的数据挖掘在更深层次上理解数据背后的原因、视觉线索和上下文，比无组织的原始数据更清晰地了解数据所代表的真相与意义。简而言之，借助图片、图形、图表、表格、列表等，即借助视觉元素，而不是无组织的原始数据，可令查找模式、趋势和获得洞察力变得更加容易。在数据分析之前，每一个原始数据都须经过预处理确保其来源的准确性和可靠性，并通过属性分类、类型组织以及信息过滤等步骤，提高数据分析的预期值与有效性。

1. 数据属性

数据属性指数据单位的一种特性，诸如长度、存取权、值或格式，表示数据对象的特征。数据对象以数据元组的形式存放在数据库中，数据库的行对应于数据对象，列对应于数据属性。

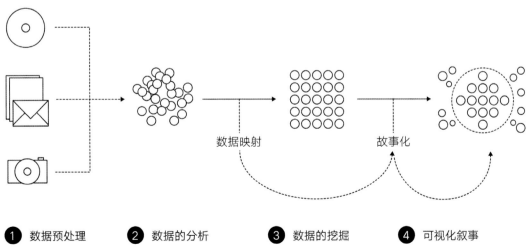

数据映射　　　　　　　故事化

❶ 数据预处理　　❷ 数据的分析　　❸ 数据的挖掘　　❹ 可视化叙事

图 2-10　数据整理与分析的流程

2. 数据过滤

数据过滤是指根据过滤条件对源数据进行筛选从而生成目标数据。通常，通过数据库工具生成的报告和查询结果会导致庞大而复杂的数据集，冗余或公正的数据片段可能会使用户感到困惑或迷惑。过滤数据不仅能解决这些困惑，还可以使结果更加真实有效。例如在使用 Excel 处理数据时，根据某种条件筛选出匹配的数据便是一项常见的需求。Excel 自动筛选工具可以按照日期、字体颜色、单元格颜色、图标、数字大小等现有特征进行筛选。使用高级筛选功能可以更加直观地查看筛选数据，并能进行多条件筛选。数据过滤将筛选出对用户无用的信息或可能造成混淆的信息，在整个数据处理流程中处于至关重要的地位。

二、数据的分析

数据的分析是指运用适当的统计分析方法对收集来的大量数据进行处理，提取有用信息和形成结论，并对数据加以详细研究和概括总结的过程。统计学领域将数据分析划分为描述性统计分析、探索性数据分析以及验证性数据分析。描述性统计分析是指运用制表、分类、图形，以及计算概括性数据等方法来发现数据表层的规律。探索性数据分析是由统计学家图基提出的一个概念，指在没有先验的假设或者很少假设的情况下，通过数据的描述性统计、可视化、特征计算、方程拟合等手段，去发现数据的结构和规律的一种方法。探索性数据分析侧重于在数据之中发现新的特征。在探索性数据分析出现以后，数据分析的过程便分成了探索与验证两个阶段：在探索阶段，我们侧重于去发现数据背后隐藏的模型或规律；而在验证阶段，我们则着重于验证数据探索阶段发现的模型是否正确。探索性数据分析可以帮助我们发现隐藏在数据背后的一些特征，而验证性数据分析则侧重于对已有假设的证实或证伪。

数据科学领域的数据分析方法给予了数据艺术创作的应用思维启发，尤其是探索性数据分析作为数据分析的第一部分，在此阶段，能帮助艺术家将作品输出的逻辑清晰化，理解数据是什么，并尝试提问，继而运用视觉化的方式进行解答。

1. 列表

列表是一种有序的集合。在整理原始数据时进行分类录入，这个过程可以非常直观地对信息源进行梳理。如果你所掌握的数据量相对较少，但其中一些信息可能对你的部分读者有用，那么你不妨考虑直接用表格形式展示这些数据。表格简洁、易读，并且不会臆造一个与预期不符的"故事"。事实上，表格在基础信息罗列方面是非常高效且美观的。

2. 标记

对列表中的数据进行标记归类，用于识别原始数据（图片、文本文件、视频等）并添加一个或多个有意义的信息标签以提示下文，从而使机器学习模型能够跟它进行学习。添加高质量和高精准的标记是为机器学习开发训练数据集的一个关键过程。

3. 维度

维度是逻辑概念，是衡量和观察事物的角度，是将物理或抽象对象的集合分组成为由类似的对象组成的多个维度的分析过程。数据是相互联系的，主数据会产生不同维度的数据点（例如做有关于手机应用可视化，下载量、应用类型、应用主色调等就是维度数据）。

三、数据的挖掘

利用数据分析方法对原始数据进行了处理之后，并不能马上找到创作的目的，尤其是从一开始就不太确定自己想了解什么，或是说不知道有什么可以去了解时，截止到这个步骤，数据于你而言一定是一堆枯燥无味的数字或文本。数据挖掘过程就像从这一堆数字中提取信息，并将其转换成可理解的结构，在此之后，冰冷的数字开始产生温度，可以帮助你看到数字背后更加深层次的意义、真相与美学。这种挖掘过程可从趋势、占比、关联以及差异四个方面展开，以有组织的方式筛选大量的信息，并发现其中有意义的模式或规则。

1. 趋势

我们无时无刻不在接触时间，加入了时间概念的观察，可以让我们了解事物是如何变化的。不管是延续性时间数据，还是离散性时间数据，都可以让我们从中获取某种趋势——循环、变化、增长、下降、减少、波动等。首先，要学习区分自己掌握的数据是属于哪种类型，因为离散性时间数据与延续性时间数据不同，它来自某个具体的时间段，数值是有限并确定的，而延续性时间数据是随时间变化而持续变化的。

2. 占比

占比指在总数中所占的比重，常用百分比来表示。占比可以让我们发现部分与整体的关系。在有关比例的数据研究中，可以根据类别、子类别和群体对数据进行同维度内的划分。在研究数据时，数据最大值、最小值与整体的分布都是我们需要了解的主要内容。

3. 关联

关联是一种在大型数据库中发现变量之间的有趣性关系，旨在寻找隐藏在多变量数据中、无法直接观察到却影响或支配可测变量的潜在因素，并估计潜在因素对可测变量的影响程度以及潜在因素之间的多种相关性分析方法。它的目的是利用一些有趣性的量度来识别数据库中发现的强规则，探讨数据之间是否具有统计学上的关联性。

单相关：两个因素之间的相关关系叫单相关，即研究时只涉及一个自变量和一个因变量。

数据可视化

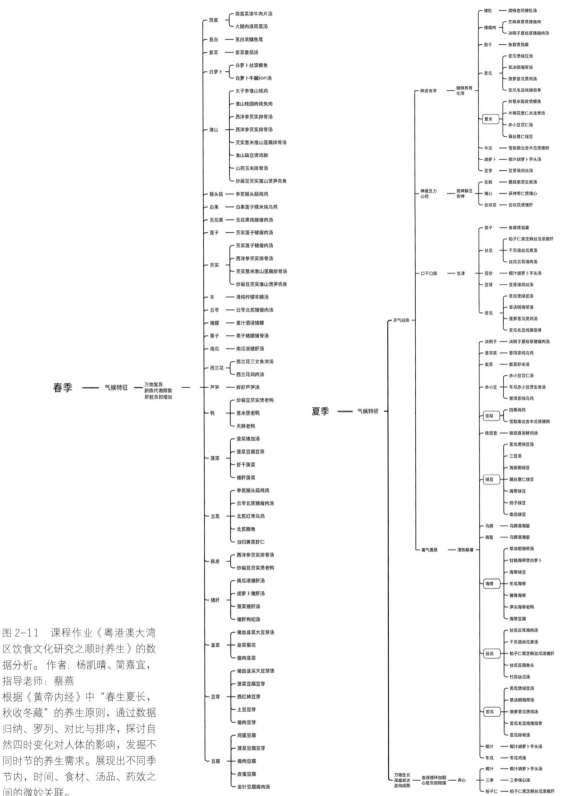

图 2-11 课程作业《粤港澳大湾区饮食文化研究之顺时养生》的数据分析。作者：杨凯晴、简嘉宜，指导老师：蔡燕

根据《黄帝内经》中"春生夏长，秋收冬藏"的养生原则，通过数据归纳、罗列、对比与排序，探讨自然四时变化对人体的影响，发掘不同时节的养生需求。展现出不同季节内，时间、食材、汤品、药效之间的微妙关联。

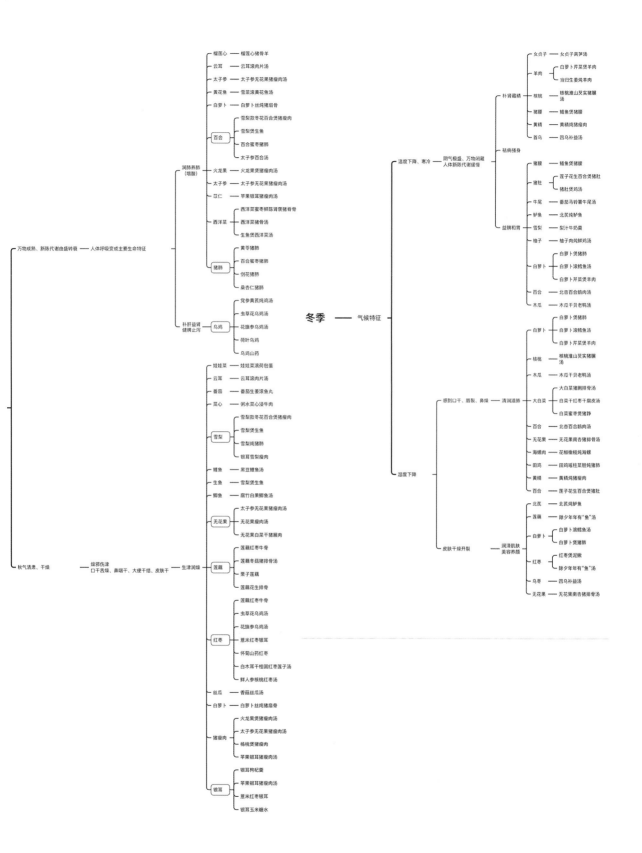

复相关：三个或三个以上因素的相关关系叫复相关，即研究时涉及两个或两个以上的自变量和因变量。

偏相关：在某一现象与多种现象相关的场合，当假定其他变量不变时，其中两个变量之间的相关关系称为偏相关。

人们总是在找事物之间的相关性，统计学就是要寻找数据之间的关系。相关性对比关系展示两个或多个变量之间的关系，比如人的身高和体重之间的关系、产品价格与销售额的关系、天气与冰淇淋销量的关系。当数据可视化创作的主题包括了与什么相关、随什么增长、随什么减退、根据什么变化或者不随什么增长等要素，那么就可以断定是一个相关性对比关系。

数据可视化

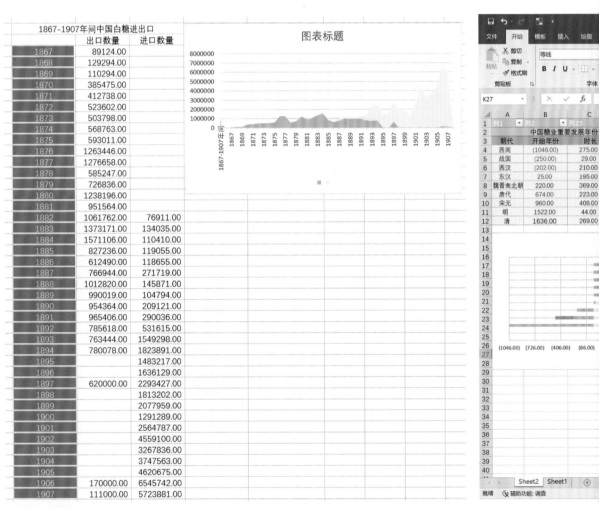

图2-12　课程作业《粤港澳大湾区饮食文化研究之嗜甜之战》，中外糖业发展的历史概括表及其他数据转换。作者：吴依瑶，指导老师：蔡燕

当数据类型多样时，先将数据进行分类标记，之后将其进行图表的转化，可视化图表便于查找数据变量以及其他的关联性。

4. 差异

我们在数据挖掘过程中，要识别不寻常的数据记录，对错误数据则需要做进一步调查。当面对的是一个变量时，差异的比较会相对容易很多，如果再增加一个变量，也依旧不会太困难。但当数量与变量都开始大幅递增时，如何从大量数据中找到满足多样标准的集合呢？这是个非常复杂的问题，在面对多个变量时，我们需要先对数据进行分类，然后在类比中利用常识查找异常值。例如，在篮球比赛中，我们会发现运动员的场均得分有很大差异，但切换了维度，又可能会发现他们的场均篮板、抢断与出场时间的数据非常接近。所以，我们在寻求事物之间的差异时，不能忽略其数据背后的其他关联性。

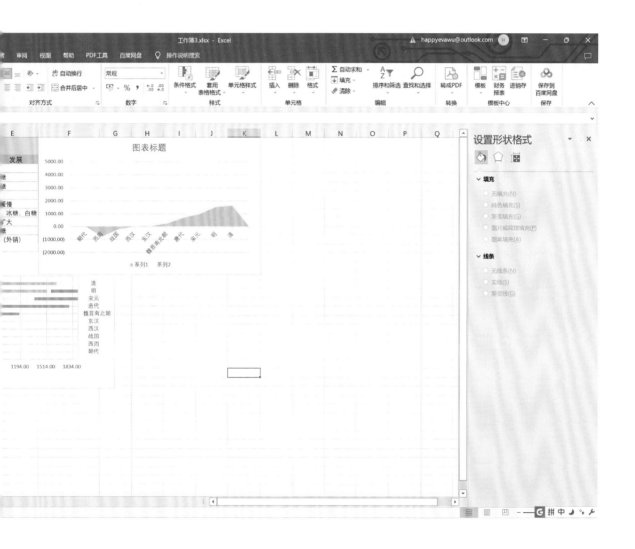

数据可视化

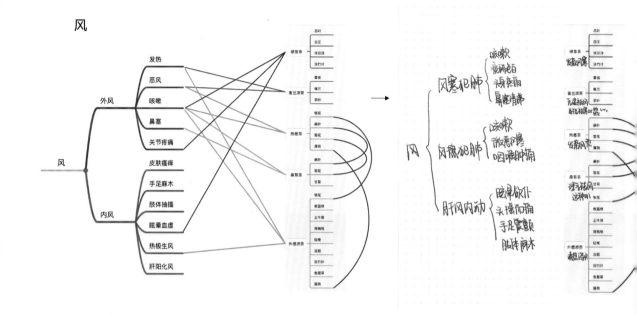

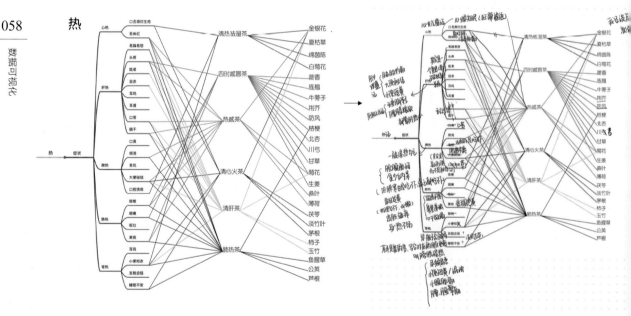

图 2-13 课程作业《粤港澳大湾区饮食文化研究之凉茶》。作者：谢欣彤、陈煊露、周艺琳、王郡，指导老师：戴秀珍、蔡燕
数据的挖掘从凉茶的功效与原料上进行深入，根据广东地域特点，引发人体产生风、湿、寒、热、燥与暑六种症况，不同的
症状对应不同凉茶的功能，以及其构成的成分和具体对应的药效。图表化的排列与标记可以更直观地了解不同属性数据之间
的关系。

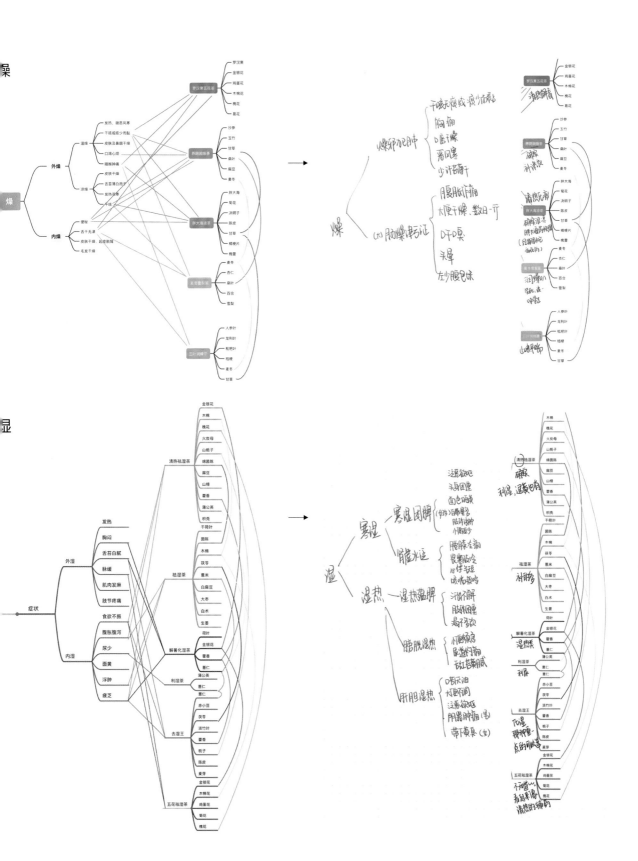

第三节　可视化叙事

数字本身并不能引起情绪反应，但数据可视化可以讲述一个对数据具有重要意义的故事。除了将数据有形态地呈现，更需要组织数据，形成可视化故事的层级架构，与观者进行有序的沟通。数据库所代表的是不同的字段形成的序列，这个序列既无顺序，也无秩序，但它所强调的叙事创造是隐藏在字段和事件之中的因果关系轨迹。显然，数据库呈现的是个只有结构但没有顺序的世界，这和传统建立在因果联系和先后顺序基础上的叙事是对立的。大面积的数据和片段化的信息本身很难直接构成意义，而可视化叙事所提供的维度便是对这些内容的重新发现。

可视化叙事作为数据可视化设计中一个重要的领域，是通过讲故事的方式表现数据，叙述数据，使用色彩理论、插图、设计风格和视觉线索等技术来吸引读者的情绪，并向数据中引入叙事的逻辑。事实上，据对第一批被发现的洞穴壁画的研究，这批画作已诞生超过 2.7 万年，这表明讲故事一直是我们最基本的沟通方式之一，同时它也是激活我们大脑最有效的方法。运用数据讲故事是使用数据来创建新知识、新决策或行动的最佳方式，这是一种综合实践，结合了来自多个学科的知识和技能，包括沟通、分析和设计。其内容分为以下三个板块进行推进：故事主题、叙事结构与情节过渡。最好的可视化讲述着引人入胜的故事。这些故事来自数据中包含的趋势、相关性或异常值，这些故事将原始数据转化为有用的信息。从表面上看，似乎数据可视化完全与数字相关，需要信息传递具有清晰的视觉层次，才能一步一步地引导读者阅读数据。

一、故事主题

数据分析中的讲故事与传统含义略有不同，它更像是在项目可视化的初始阶段对整体策略的构建。首先，要确定我们想讲一个怎样的故事，然后才能梳理与该故事相关的原始数据，进而展开评估和推断可用于现实世界的相关结论或见解，并以有趣的方式与大众共享。共享方式可以通过使用数据创建故事或根据调查结果讲述故事来实现。数据分析中的讲故事是通过使用故事线索和视觉效果来有效地传达数据集的见解，也可用于联系上下文，令数据更相关、更生动、更令人难忘。然而，数据讲故事不仅仅是创造视觉形式不同的可视化，虽然表达数据叙事并没有限制的方法，但若想将数据与受众紧密地联系起来，还需要有逻辑地思考，以及对以下几个因素的思考与执行。

1. 识别用户

要与数据建立故事线索，首先需要准确地对信息接收者进行全面调研。向谁传递见解？出于什么原因？他们想了解什么？这些信息是否帮助他们解决了问题或挑战？从分析中得出的哪些见解对他们的影响最大。

2. 学会提问

在用数据创建叙事之前，学习向自己提出问题——分析背景是什么？要解决的问题或挑战是什么？有什么区别？将与受众分享的主要问题是什么？对于探索初期的查询或困难，可以给出什么答案？根据调查，可以采取哪些行动？能为用户提供什么提示？他们可能会如何使用这些信息，以及会有什么后续的影响？

3. 为故事起个名字

如果说讲一个完整且有趣的故事是直观地表示数据的方法，那为这个故事起个响当当的名字便是方法的核心与关键。一些重要的数据可视化，包括饼状图、条形图、直方图、热图、瀑布图、面积图和散点图等，它们都可以吸引受众的关注与传播。但有趣的名字既可以概述数据内容以及数据背后传递的信息，又可以提升观者的关注度与思考力，并能帮助人们更加深入地理解你的数据集。

二、叙事结构

叙事结构是指将叙述的整体结构传达给受众的策略。

首先需建立叙事的逻辑，讲故事的人需在顺序、交互性以及信息传递等方式中明确最适合辅助叙事的策略。顺序是指安排受众跟随视觉内容转移视线路径的方法。这个路径选择有线性路径、随机访问或用户定向几种。交互性指的是用户接收可视化信息的不同方式（筛选、选择、搜索、导航），以及用户学习这些方法的方式（明确的指令、默认的教程、初始配置）。信息传递是指可视化向观众传达观察和评论的方式。这可以通过简短的文本字段（标签、标题、注释）或更重要的描述（文章、介绍、摘要）来实现。

其次需选择叙事化呈现类型。根据框架的数量不同、视觉元素呈现的顺序以及故事复杂性与数据复杂性的侧重，叙事性呈现可分为杂志风格、插画集、海报、流程图、注释图表以及幻灯片和动态视频类等多种类型。其中"杂志风格"中的图像只是嵌入文本中，并且只有一个框架，而"插画集"可能有多个框架；"海报"类型和"流程图"类型都呈现了多个图像，"海报"类型中的图像是松散的顺序，而"流程图"倾向于遵循一个严格的线性路径;"注释图表"则由创作者驱动主导,对所示事物的内容、性质或数量等进行适合的图表表达,并用注释揭示图表的对象和主题,往往能展示更多数据的复杂性;"幻灯片和动态视频类"则侧重于故事的复杂性。在商业宣传领域,通常用幻灯片来代替插画集,电视广告用视频来代替流程图。这些类型并不是相互排斥的,它们可以像积木一样发挥作用,叠加结合起来产生更复杂的视觉类型。尽管这些类型都可以用于讲述故事,但选择合适的类型取决于各种因素,包括数据基础、故事复杂性、预期场景和预期的媒介等。

三、情节过渡

在叙事学中,情节构成了故事的基本框架。可视化叙事中的情节过渡是指在视觉场景内部或之间移动而不使观众迷失方向的机制。电影中常见的方法是连续剪辑,但也存在如动画转换、物体连续性、摄像机运动等其他策略。情节过渡主要分为线性与非线性,线性过渡建立在一条基础线索之上,逐渐展开层级关系,且逻辑清晰、结构严谨;非线性过渡建立在多语境视觉环境中,可根据用户接受信息的习惯进行交互式情节过渡。

无论使用哪种类型方法,都需考虑视觉场景中的合理过渡因素:逻辑性、统一性、比喻性。探索以数据为核心驱动的故事,旨在解释数据的来源以及它的重要性。讲故事是通过能够引发情感反应和洞察力的叙事来详解概念、观点和个人经历,这是带观众一起进行生动对话与引人入胜的最有效方法之一。

数据可视化

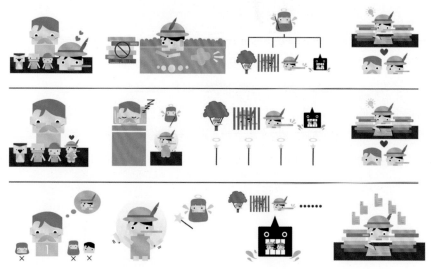

图2-14 课堂练习作业——图解《木偶奇遇记》。作者:庄瑞灵,指导老师:蔡燕
从左至右对应故事内容的"起、承、转、合"分析,作者在对文字进行可视化叙事的表达训练中,尝试了三种不同的视觉表现方式。由此可见,相同的故事内容在视觉转译的过程中也存在多样的可能性。

图 2-15　课堂练习作业——图解《西游记》。作者：陈媛，指导老师：蔡燕

"起、承、转、合"既是写作结构也是叙事技巧，巧妙运用其对文字内容进行整理与排序，可提炼出直观的可视化叙事内容。

图 2-16　课堂练习作业——图解电影《84 Charing Cross Road》。作者：蔡艺玫，指导老师：蔡燕

无论是小说还是电影，"起因"与"结果"均显而易见，过程中"承接"与"转折"的内容较难判定，叙事内容的选择以及视觉表现方式都会影响整个可视化叙事的完整性与准确度。

图 2-17 《瘀伤——我们看不到的数据》，作者：乔治亚·卢皮（Giorgia Lupi）、卡基·金（Kaki King）
仅靠临床记录很难捕捉到儿童疾病对家庭的影响。该作品使用音乐与艺术来创作独特的可视化叙事，帮助理解和传达缺失的信息。
图片来源：http://giorgialupi.com/bruises-the-data-we-dont-see

数据可视化

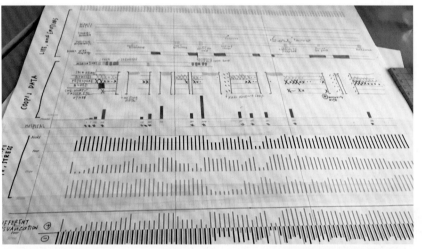

图 2-18 作品的叙事由两个部分组成，一部分是乔治亚·卢皮的数据可视化设计，另一部分是卡基·金根据数据采集创作的歌曲，这首歌将以现场演奏的方式伴随艺术品的展出。作品犹如一幅由库珀皮肤上的瘀伤数据而引发情绪变化的音乐地图，呈现出可视化叙事方法的多元表达。
图片来源：http://giorgialupi.com/bruises-the-data-we-dont-see

图 2-19 乔治亚·卢皮在创作过程工作表中并列记录了库珀的实验室临床数据与生活数据。
图片来源：http://giorgialupi.com/bruises-the-data-we-dont-see

第四节　可视化的映射

"一个出色的可视化设计可在最短的时间内，使用最少的空间，用最少的笔墨为观者提供更多的信息内涵。"

——爱德华·塔夫特

视觉传播数据不仅关于感知和准确性，也关于理解。在计算机学科中，利用人眼的感知能力对数据进行交互的可视表达来增强认知的技术，称为可视化。可视化被定义为"将非视觉量化数据转换为视觉表示，从其他代码重新映射到视觉代码"。可视化不仅仅是简单地对图表进行装饰令它看起来更加美观，有效的数据可视化需要在形式和功能之间找到微妙的平衡。朴素的图表可能太过乏味而无法吸引人的注意，但可能会直接表达出强有力的观点；华丽的可视化可能完全无法传达正确的信息，但也可能会含有丰富的拓展信息。数据与可视化需要相互配合，将出色的分析与精彩的故事化叙事相结合，将不可见的或者难以直接显示的数据转化成可感知的视觉，通过可视化组件增强数据的识别效率，才能面向大众传递出有效信息。

可视化组件是组成数据可视化的零部件。数据是复杂的，因此可视化组件的类型也是多样的，针对不同类型的数据要选择并搭配不同的可视化组件，并不断权衡数据与视觉元素的关系。可视化并非仅仅是停留在视觉层面的艺术作品，优秀的可视化作品需要数据和功能的双向支撑，即便是精心打造的视觉盛宴也不能够挽救数据和功能差的缺陷，没有权衡好功能与视觉形态之间的关系，可视化作品便仅剩美观而已，并不具备任何的实用价值。反之，没有视觉形态，可视化也只是软件输出内容。优秀的可视化作品中，这两者缺一不可，但根据需求的不同，两者之间的比重关系也有所侧重和不同。

一、视觉编码

1.图形

人类解码信息靠的是眼睛、视觉系统。如果说图形符号是编码信息的工具或通道，那么视觉就是解码信息的通道。数据可视化设计中的图形可以理解为象形图、符号、图表等，维也纳哲学家兼社会科学家奥图·纽拉特（Otto Neurath，1882—1945）于1925年创建了国际排版图片教育系统（ISOTYPE），提议使用简单的象形文字阵列来呈现定量信息（图 2-20），ISOTYPE 是一种高度精致的图片语言，旨在用尽可能少的文字描述来传递准确的信息。奥图·纽拉特提供了总体方向，他的妻子玛丽·纽拉特（Marie Neurath）"转换"了数据来展示故事，制图人格尔德·阿恩茨（Gerd Arntz）设计了象形图单元和高度精致的设计。三人以迭代和协作的方式开发了他们独特的数据可视化方法。ISOTYPE 建立了一系列设计准则，例如将图形设计标准化；图标设计不用透视，以最大化的保存所表现事物的特点；数量用多个多样大小的图标表示，而不是更大的图标，以便可以更准确地比较等等，这些图标使这些图像更容易阅读和记忆。ISOTYPE 作为公共传播图形设计的基础，开始了现在影响全球的图像符号（Pictogram）和信息图形（Infographics）的设计。

1967 年，雅克·贝尔坦（Jacques Bertin）出版的《图形符号学》（*Semiology of Graphics*，图 2-21）一书中提出了图形符号与信息的对应关系，演示了如何使用数组中的大小、明度、图案、颜色、方向与形状来可视化数据，奠定了可视化编码的理论基础（图 2-22）。贝尔坦的方法侧重于信息设计和数据可视化，同时提出了关于视觉元素多样性和一致性之间平衡的重要性；这是开发灵活的视觉身份系统时的一个关键问题。一方面，设计需要视觉上连贯，才能在不同环境中容易被识别。另一方面，它需要多样性来适应不同的应用环境。

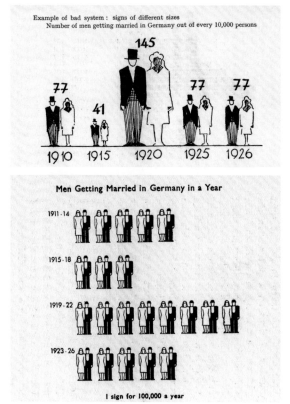

图 2-20　表趋势的象形文字图表对比，作者：奥图·纽拉特 1936 年发布的图像显示相同数据的两个可视化对比。奥图·纽拉特认为拉伸一张象形文字（上）不如堆叠多个小象形文字（下）表达准确。

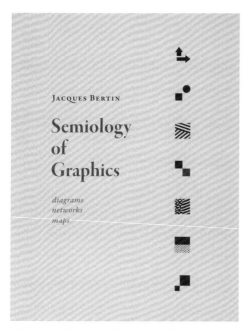

图 2-21 《图形符号学》，作者：雅克·贝尔坦

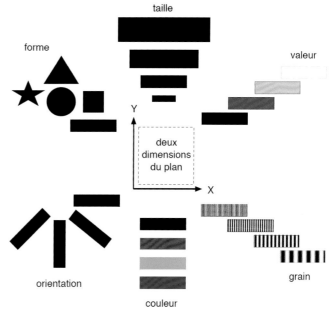

图 2-22 图形符号制作基础，作者：雅克·贝尔坦
除了植入的 x-y 位置，雅克·贝尔坦还介绍了六种我们可以应用于图形构造的视觉变量：大小、明度、图案、颜色、方向与形状。

　　匹配合适的图形是数据可视化的基础，这其中图表的选取又是数据可视化的基石。很多的开源平台都提供了上百种图表范例，将图表分为比较、分布、流程、占比、区间、关联、趋势、时间和地图九大类，每个图表都有各自的特性和适用场景，根据数据选取合适的图表是值得深思熟虑的环节。图表选择不合理会降低数据易读性。每个图表都有各自的特性，适用的数据范围、数据条数及功能都具有差异性。只有熟知各类图表的使用场景，才能匹配到合适的图表，增强原始数据的易读性。

　　图形符号和信息间的映射关系使我们能迅速获取信息，所以可以把图片看成一组图形符号的组合。这些图形符号中携带了信息，我们称它编码了一些信息。而当人们从这些符号中读取信息时，我们可以称它解码了这些信息。符号和意象的成功很大程度上取决于共同的文化认知背景。为了有效地传播，受众必须普遍理解用作编码信息的可视化图标及符号，这样视觉图形才能具备信息转译与传递的功能，同时提供了一个优秀的快捷沟通途径。

2. 色彩

合理地运用色彩不仅能够使可视化作品的呈现形式更加丰富多彩，而且更有利于加速读者对数据的认知。颜色是人的视觉系统对所接收到的光信号的一种主观的视觉感知。在可视化的色彩元素中，可以从色彩功能与色彩情感两个层面去进行数据转译的表现。色彩在可视化设计中有着举足轻重的作用，色彩运用中稍有疏忽就会影响到整体的效果。色彩设计在可视化应用中最重要的是要做到整体思考，不能只顾局部的颜色搭配。另外，色彩面积的应用也十分重要，在搭配颜色时要注意主色和辅色的面积比例，以上都是决定整体色调的重要因素。

① 色彩功能

色彩在数据表现上具有区分类别、突出显示具体数据、表达意义等功能，通过不同的表现方法能够使重点数据高亮显示，增强焦点数据的凸显性及易读性，让读者快速感知到数据之间的差异性。因此在设计过程中要熟知色彩本身的特性，譬如色相、饱和度、明度、形状、色彩面积及色彩搭配关系。其次，色彩数量选取上不宜过多，否则会给读者造成视觉混乱，无法协助读者快速感知重要数据，造成极差的用户体验。

② 色彩情感

合理利用色彩的情感可以增强可视化设计的感知效果，调动观赏者的情绪。不同的色彩给人不同的心理感受，如红色代表着喜庆、热情、欢乐、爱情、活力等，但是，很多时候，红色也与灾难、战争、愤怒等消极情绪联系在一起；蓝色会给人带来友好、和谐、信任、宁静、希望等积极的情感体验，也会给人以冷酷、无情的心理感受。不同的色彩搭配可以表现不同的情感，用来表达与之匹配的可视化设计主题风格，调动观赏者的情感。色彩搭配不仅是指对整体风格色调的把控，而且还有与场景融合的面板颜色的搭配。如何让整个画面和谐，是对设计者艺术基础知识掌握的考验。

③ 色系意识

颜色越来越多地被看作是图形表达的一部分，在可视化设计中起到两个主要作用，即标记不同的分类和编码数值，用不同颜色表示不同类型、集群或等级的要点，例如在传统散点图上对信息的另一个层次进行编码等。在确定不同类型数据分布的差异程度时，这是一个识别度很高的办法。选择的颜色要注意两个方面：第一是建立整体的色彩系统。色彩的统一性在编码的体系中非常重要，一种颜色只能指代一种类型，避免给读者造成误解的困惑。另外，在同一个项目中，尽量避免使用过多的色彩，例如彩虹的颜色在感知上是非线性的，这意味着紫色在绿色之前还是之后对任何人都不明显。因此，当用彩虹色绘制数字时，将相似的数字以相似的颜色分组，在没有显式参照色阶的情况下，无法察觉相对大小。第二是选择色彩需遵循自然的联想以及大众的认知。例如，应该用红色表示损失，用绿色表示环境因素，用其国旗中的颜色表示国家，用球衣的颜色表示球队。将男性表示成蓝色，女性表示成红色，这就为受众解读图表提供了一个微妙的感知线索。

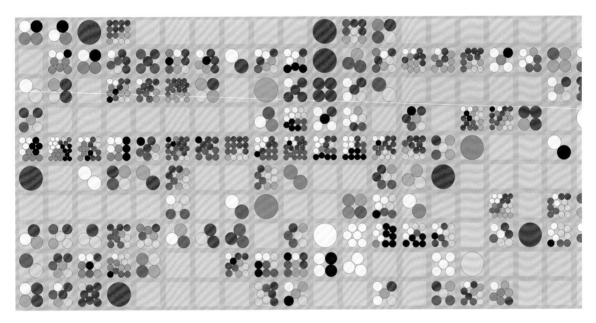

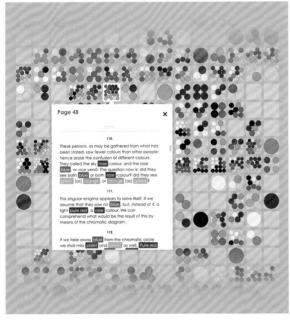

图2-23 《歌德颜色的制作》，作者: 尼古拉斯·鲁格(Nicholas Rougeux)

约翰·沃尔夫冈·冯·歌德 (Johann Wolfgang von Goethe) 的著作《颜色理论》(*Theory of Colours*) 讲述了诗人对颜色本质的看法以及人类如何看待这些颜色。作者使用数据研究设计了一种看待歌德色彩理论的新方法，按页面使用颜色，其中圆圈代表所用的每种颜色。页面上使用的颜色越少，圆圈就越大。

图片来源: https://www.c82.net/blog/?id=82

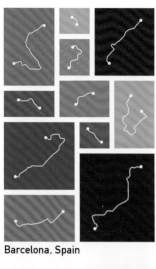

Barcelona, Spain

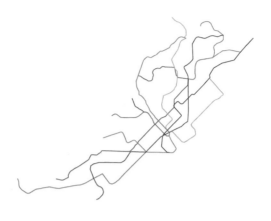

数据可视化

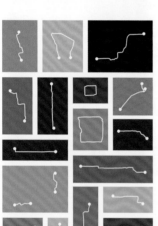

Beijing, China

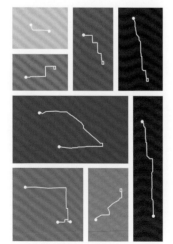

Chicago, United States

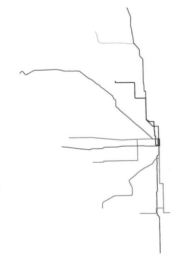

图 2-24 《交通调色板》，由
上至下：西班牙巴塞罗那、中
国北京、美国芝加哥。作者：
尼古拉斯·鲁格
这些海报展示了来自不同国家
主要城市的每条地铁、其他快
速交通系统使用的鲜艳色彩。
作者从每个系统的现实布局中
提取线条，将其颜色整合在统
一的调色板中。每条线上的端
点与分支，都用圆圈标记。每
张海报上排列的线条，在整个
系统中的位置一致。
图片来源：https://www.c82.
net/work/?id=343

3. 文本

文本是数据可视化设计中的重要组成部分，文本的使用能够增强数据的可读性，有着注解可视化的作用。文本在可视化中主要有两大功能：一是呈现主题，二是辅助说明。文本可用于标记不同的图表元素，包括图表标题、数据标签、轴标签、说明等。文本使用中需要建立视觉层次，层次结构最高的文本通常是图表标题，轴标签和图例的层次结构最低。如文本应用在标题呈现时，主题也会有子标题和二级子标题的存在，根据文字的主次关系，需要在形态上对不同的文字进行视觉表现，进而给读者以视觉暗示。信息得到关注度的强弱，取决于对其属性的把控，字体、大小、位置、颜色、方向都是决定视觉层次的关键点，应以增强可读性为主要目标。

易读性是字体选取的基本原则，数据可视化设计并非纯粹为了美感而存在的设计，其最终目的是快速传达与交流。字体选择可以影响文本的易读性，增强或减损预期的含义，因此，最好避免艺术字体，并坚持使用更基本的常用字体。另外，提升易读性还需要对字体的字号、行高、间距、方向等仔细斟酌，保持字体端正。文字的方向倾斜也会造成视觉障碍，在数据分类较多时，为了在有限的范围内呈现多分类数据，可能会将坐标轴中的数据类别、名称、方向作倾斜。显而易见，文字被旋转了方向后，会明显降低易读性，所以在字体及属性的选取上，保持文字的易读性尤为重要。

4. 编排

编排作为对文字、图形与色彩要素进行整合、排序、表达的设计方法，在对数据进行可视化映射时，需遵循其基本准则，方能令视觉要素的转换具有引导阅读、延续阅读的功能。关注图版率、文本断行、字体、字号、字距、行距、标点符号等排版调整，这些编排规则大部分源于文字规律、排版规范，并不应随着设计潮流而随意改变，是需要在所有媒介上都遵循的视觉准则。

① 信息架构

信息架构（Information Architecture）是指对某一特定内容里的信息要素进行统筹、规划、设计、安排等一系列有机处理的想法。其功能是合理地组织信息的展现形式，通过信息架构，将信息进行分类、排序，建立设计者展开信息传达设计时的逻辑理解，帮助用户能够快速检索到自己所需要的内容。信息传递清晰的视觉层次，才能一步一步地引导读者阅读数据。例如，可视化的标题，应该明确阐明一个关键观点，使读者领会。分散在数据中的微小注释，可以通过异常值或趋势引起读者注意，从而为关键观点提供支撑。

② 网格系统

网格系统是平面设计理论中对版式设计方法的经验总结，产生于 20 世纪初叶的西欧，完善于 20 世纪 50 年代的瑞士。其风格特点是运用数字的比例关系，通过严格的计算，将版心划分为统一尺寸的网格。网格系统被广泛应用于杂志、画册、网站 UI 设计等平面设计领域。将网格视为一种秩序系统来进行使用，是设计师某种特定精神和态度的表达，因为它体现了设计师是以一种结构性、预见性的方式进行构思与设计的。

③ 阅读习惯

阅读习惯的研究是增强用户体验感的思考，针对不同的载体，阅读习惯会有差异。人的阅读习惯会根据阅读环境而改变，包括文本的书写格式、文本的媒介、语言符号等。对比传统的纸媒阅读方式，屏幕的阅读行为往往表现出不同的阅读特征。例如很少人会一字一句阅读页面，更多的是在做浏览、关键词确认、非线性阅读或有选择性的阅读。理解用户从纸质到屏幕阅读行为的转变，在设计时也需从传统中文排印经验中吸取对字体、间距、标点的处理方式，跨越平面与界面不同终端的设计规范和实现手段。

④ 视觉动线

视觉动线是指眼睛在阅读时，视觉移动所构成的方向路径。设计者在视觉载体上通过改变大小、色彩、形状等因素来控制观者的视线，从而令观者遵循设计预期的阅读轨迹来进行浏览，为了达成信息可视化设计的高效率，用户的"视觉动线"必须在设计者的掌握之中，排版杂乱无章其实就是因为在一开始没对该要素进行规划和思考。如果画面中的元素与要表达的内容过多，要先整理信息，梳理主次，确定版面中真正的视觉落点在哪里，并将剩余的元素划分段落，然后精心设计其阅读的顺序。另外，图像元素和文字元素的阅读方式是不同的，所以我们可以创造更多的可能性，尽管我们提倡在设计初期有效地利用网格系统去组织信息在视觉上的秩序感，但也不要所有一切都依靠网格系统去排版，那只会让设计变得平庸，大胆的想象和反复的尝试才能获得更多的创新视角。

图 2-25　根据 NNGroup、UXPin 等设计团体的研究，最常用的两种视觉扫描模式是"F"型和"Z"型。
人的注意力是一个稀缺资源，让信息去匹配读者注意力的点，显然优于让人的注意力适应信息的做法。

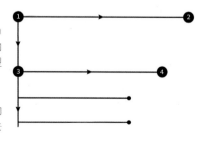

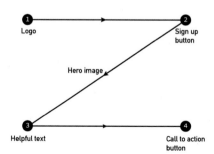

⑤ 格式塔

格式塔心理学家认为，人们在感知物体时，倾向于将其理解为整体的、常识性的、对称和有序的结构。在视知觉领域，格式塔理论应用较为广泛。格式塔学习理论可谓是现代认知主义学习理论的先驱，自 1912 年由韦特海墨（M.Wetheimer）提出后，在德国得到迅速发展。格式塔心理学的理论核心是整体决定部分的性质，部分依从于整体。人们会用一种更为简单的方式，来感知和解释含糊不清或复杂的图像。格式塔心理学介入视觉设计的七项基本原则包括：接近性、相似性、连续性、闭合性、主体 / 背景、简单对称性与共同命运。这七项原则并不是独立存在的，它们之间具有高度的关联性，是相辅相成的关系。在使用时需要根据不同的需求类型和用户场景，运用这些基本原则进行合理的组合使用。它的作用主要体现在沟通、性能与便利性上。

⑥ 视觉突出

视觉突出是指在很短的时间内，仅仅依赖感知的低阶视觉即可直接察觉某一对象和其他所有对象的不同。使视觉元素从周围环境凸显的特性，是数据可视化的强大工具。它可以用于引导用户注意可视化中最重要的信息，以帮助防止信息过载。使用视觉突出的方法来突出一些细节并压制其他细节，可以使我们的设计更清晰，更容易理解。众所周知，色彩特别擅长打破伪装。我们可以使用温暖、高饱和度的颜色来突出关键数据点，并应用冷色调、低饱和度的颜色将不太重要的信息放到背景中。颜色、大小、明度、形状等视觉变量是我们创造和控制视觉显著性的关键。

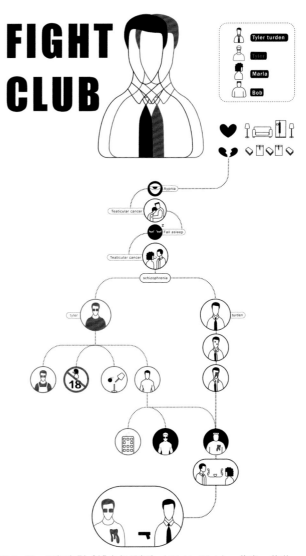

图 2-26 图解电影《搏击俱乐部》（Fight Club），作者：苏琳，指导老师：蔡燕

《搏击俱乐部》是一部剧情与拍摄风格都具备强烈个性的影片，以表达"关联"的线形流程图结构来进行影像的转译，可以清晰地表达出影片深层次的双重寓意。图表符合"Z"型视觉扫描模式，增强了易读性。

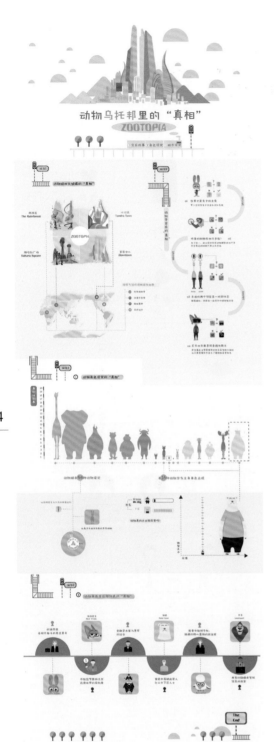

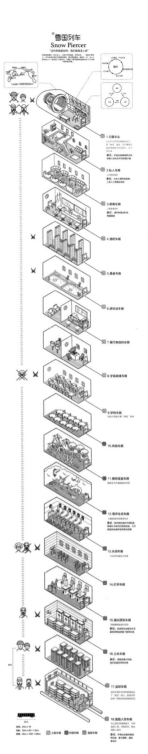

图 2-27 电影《疯狂动物城》可视化图表，作者：陈媛，
指导老师：蔡燕
以探索"动物乌托邦的真相"为命题的可视化图表，挖
掘了电影中各类知识点以及情节的隐喻。

图 2-28 电影《爱丽丝梦游仙
境》可视化图表，作者：杨沅君，
指导老师：蔡燕

图 2-29 电影《雪国列车》
可视化图表，作者：叶子健，
指导老师：蔡燕

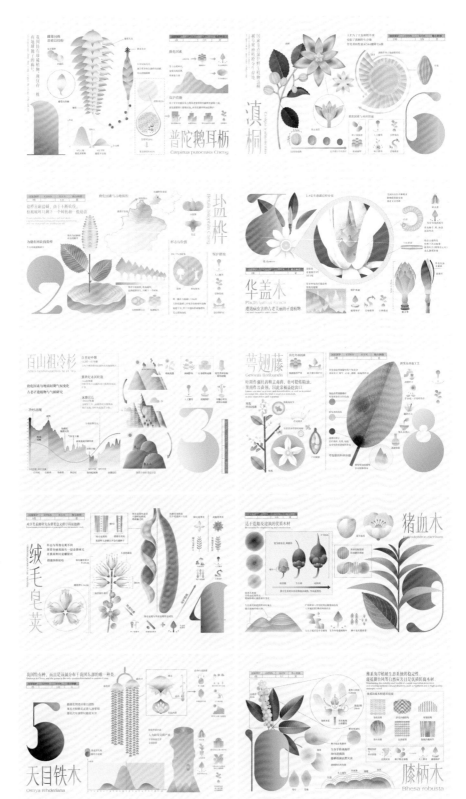

图 2-30 《最后的植物》，
作者：王钰晗、谢思怡，
指导老师：蔡燕、吴南妮、
潘永亮

二、可视化组件

1. 视觉暗示

可视化最基本的形式就是简单地将数据映射成图形，大脑可以在数字与图形间来回切换从而寻找模式。所以我们必须选择合适的视觉暗示，来保证数据的本质没有在大脑来回切换中丢失，在确保信息输出的准确性的同时，尽可能让大脑直接、高效、轻松地获取信息。视觉暗示是用来对数据进行编码转译的要素。1985 年，贝尔实验室发布了视觉元素的暗示排序清单。大脑感知系统对这些符号、位置感知所产生的不同的敏感程度进行排序，从最高到最低依次是：位置、长度、角度、方向、形状、面积 / 体积、色相与饱和度。

① 位置

使用位置做视觉暗示时，大脑是在比较给定空间或者坐标系中数值的位置。它的优势在于占用空间会少于其他视觉暗示，但劣势也很明显，我们很难去辨别每一个点代表什么。所以，应用位置作为视觉暗示主要用于发现趋势规律或者群集分布规律，散点图是位置作为视觉暗示的典型运用。

② 长度

使用长度作为视觉暗示，大脑的理解模式是条形越长，绝对值越大。优点非常明显，人眼对于长度的"感受"往往是最准确的。条形图是长度作为视觉暗示的最常见图表。

③ 角度

使用角度作为视觉暗示，大脑的理解模式为两向量如何相交，相交角度是否大于90 度或 180 度。角度作为视觉暗示的最常见图表是饼状图。

④ 方向

使用方向作为视觉暗示，大脑的理解模式为坐标系中一个向量的方向，在折线图中显示为斜率，在迁徙图中显示为箭头所指方向。

⑤ 形状

使用不同的形状作为视觉暗示，往往代表着不同的对象或者类别。形状可用在图表中区分不同类型的群集。

⑥ 面积 / 体积

使用面积 / 体积作为视觉暗示，面积大则绝对值大。需要注意的一点是，用面积显示倍数关系时，应该是面积乘以倍数，而不是边长乘以倍数。

⑦ 色相与饱和度

不同的色相通常用来表示分类数据，每个颜色代表一个分组；不同的色相通常用来表示连续数据，常见模式是颜色越深，代表数值越大。

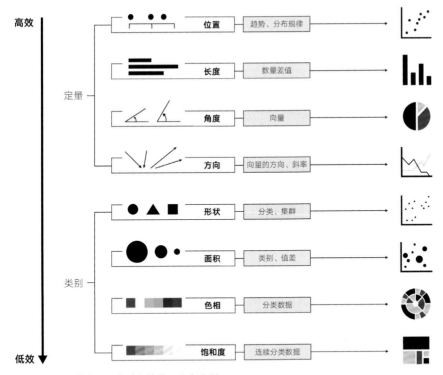

图 2-31　视觉暗示要素对应的常见图表类型

2. 坐标系

坐标系是能够使每个数组在维度空间内找到映射关系的定位系统,更偏向数学 / 物理概念。维基百科对坐标系的定义是:对于一个 n 维系统,能够使每一个点和一组 n 个标量构成一一对应的系统,它可以用一个有序多元组表示一个点的位置,简单理解就是数据映射到空间的位置上。数据可视化中,最常用的坐标系有笛卡尔坐标系、极坐标系和地理坐标系。

笛卡尔坐标系即直角坐标系,是由相互垂直的两条轴线构成的。用到直角坐标系的常见图表有柱状图、折线图、面积图、条形图等(图 2-32)。极坐标系由极点、极轴组成,坐标系内任何一个点都可以用极径和夹角(逆时针)表示。用到极坐标系的图表有饼状图、圆环图、雷达图等。坐标轴是坐标系的构成部分,是定义域轴和值域轴的统称。系的范围更大,而轴包含在系的概念里。由于可视化图表绘制的数据大部分都有一定的现实意义,因此我们可以根据坐标轴对应的变量是连续数据还是离散数据,将坐标轴分成连续轴、时间轴、分类轴三大类。轴的类型不同,在设计处理上也有差异。

地理坐标系是在三维球面上用经度和纬度值定义的坐标系,它可以标示地球上的任一位置。一个地理坐标系由角度测量单位、本初子午线和参考椭球体三部分组

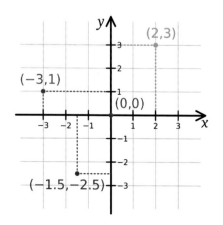

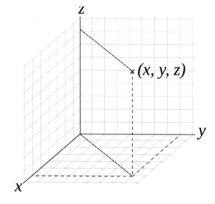

图 2-32　二维（上图）、三维（下图）笛卡尔坐标系

成。在球面系统中，水平线是等纬度线或纬线，垂直线是等经度线或经线，这些线包络着地球，构成了一个称为经纬网的格网化网络。众所周知，地球表面是一个球面或椭球面，因为球面或椭球面无法无缝展开成平面，所以就需要通过投影坐标系，将地球表面经纬度投射到可展开曲面（称为投影曲面）上生成二维平面地图，在保证对象形状不变的同时，也保证了方向和相互位置的正确性。

投影坐标系通过格网上的 x、y 坐标来标识位置，其原点位于格网中心。根据数据用途与应用场合的不同，具体的投影方式也各有不同。有的是为了保持面积不变，有的是为了保持形状不变。因此在坐标系和投影方式的选择上，没有最好的，只有最适合的。例如百度、Google 等多个公共地图网络平台普遍采纳的"Web"墨卡托投影方式便是墨卡托投影的一种变体。它与"经纬度直投"的关键区别在于，纵向距离会随纬度增大而变长，横向变大的同时，纵向也随之变大，且变化比例接近，所以图形进行"缩放"时形状不会产生变形。一个接近真实世界的地图更好地满足了大众的使用需求。

3. 标尺

标尺的重要性在于它与坐标系一起决定了图形的映射方式。缩放和标注的不足会使图形产生有意或无意的错误信息。标注需要准确地说明数字的大小，比例尺需要能够以适当的分辨率显示这些数字，以利于比较。一般而言，应按比例缩放数据，以填充图表上分配给它的空间。对于是在变量的全部假设范围内缩放坐标轴，还是将其缩小到仅能够反映观测值，这需要设计者做出严谨和正确的判断。

数字标尺：等间距的线性标尺是大众最熟悉、最易理解的标尺，不容易产生误解。

分类标尺：分类数据往往采用分类标尺，如年龄段、性别、学历等。值得注意的一点是，对于有序的分类，我们应尽量对分类标尺做排序以适应读者的阅读模式。

时间标尺：标有时间刻度的标尺。常用钟表的圆形表示，可置换其他时间要素进行标记。（图 2-33）

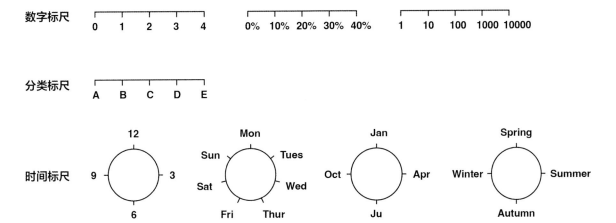

图 2-33　标尺类型的示意图

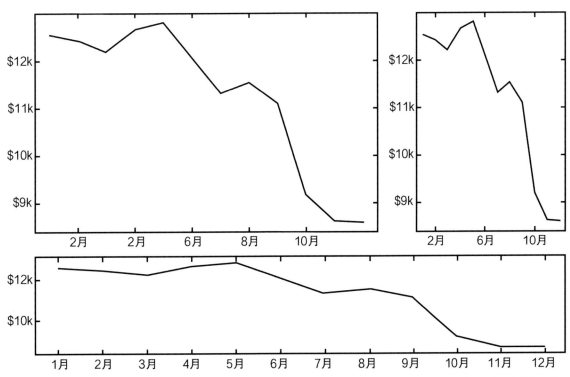

图 2-34　上图给出了统一时间序列的三幅渲染图，除了图表的纵横比外，其余均相同。在最下方的图形渲染中，曲线看起来很平整；右侧的图中，利润则呈现断崖式下滑；左侧图片的曲线也出现严重下跌，但是在秋季有反弹的迹象。从这三张图可看出，图形的长宽比会对我们所看到的内容产生巨大影响。

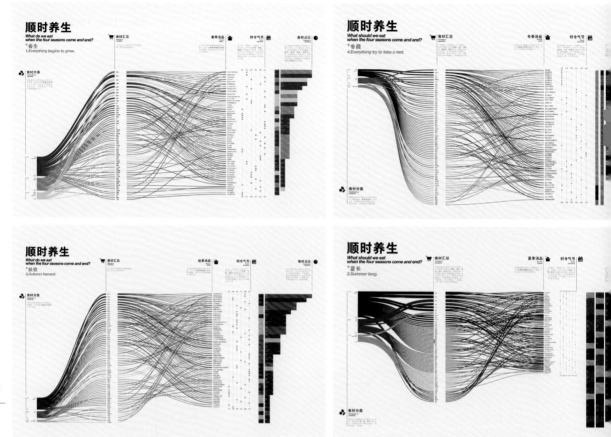

图 2-35　课程作业《粤港澳大湾区饮食文化研究之顺时养生》，作者：杨凯晴、简嘉宜，指导老师：蔡燕、戴秀珍

4. 背景信息

　　背景信息是指在画面中除主要视觉信息的图表内容之外，包含了标题、度量单位、注释等附加类的信息。这些信息主要是为了帮助大众更好地理解与数据相关的上下文信息，即何人（who）、何事（what）、何时（when）、何地（where）、为何（why），通常出现在标题或者辅助信息文本中，帮助观者更加直观地了解数据可视化的目标，以及视觉图形的含义。当图上有数据日期、数据来源、数据指标需要说明时，应当在恰当的时间、合适的位置给予说明，以帮助阅读者更好地理解数据、定位问题。在处理背景信息时，需遵循信息架构的层级关系以及观者的阅读顺序进行（图 2-36、2-37）。

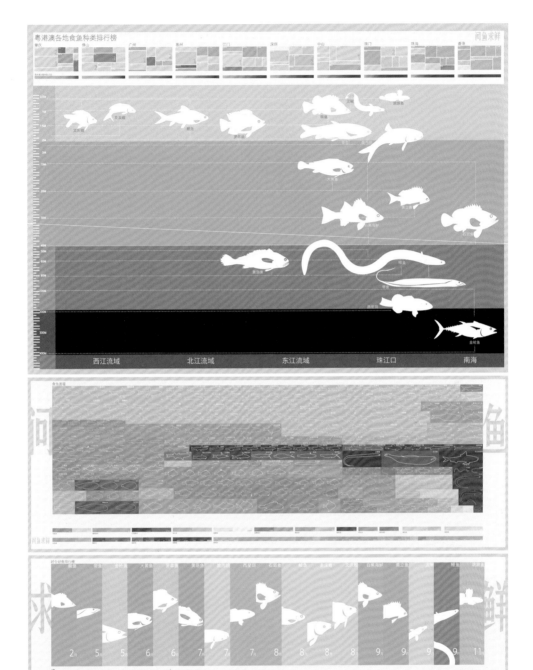

图 2-36　课程作业《粤港澳大湾区饮食文化研究之求鱼问鲜》，作者：江韵、任欣雨，指导老师：蔡燕
在图表转换雏形生成之后，视觉设计的版面尺寸与比例尺的大小、呈现方式相关，同时，不能忽略了背景
信息的内容，需要和主要图表信息进行整体的编排。

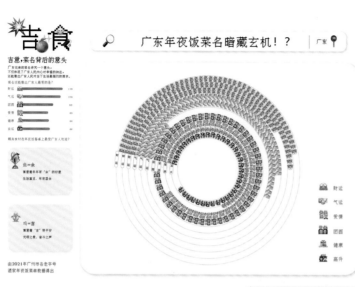

数据可视化

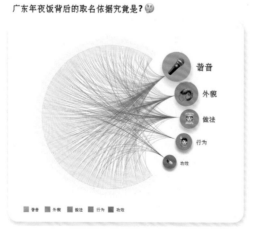

图 2-37　课程作业《粤港澳大湾区饮食文化研究之吉食》，作者：钟菊、袁若涵、潘心仪，指导老师：蔡燕

从吉源（从大湾区地区节庆文化中发掘谜语式菜品命名背后的真实规律）、吉意（粤饮食的菜名谐音背后的好意头寓意）、吉音（从独特的粤语发音体系解释方言与饮食文化的深切关联）三个层面对可视化主题的背景信息进行分析与说明。

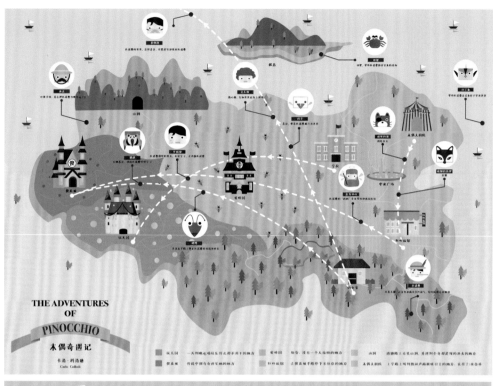

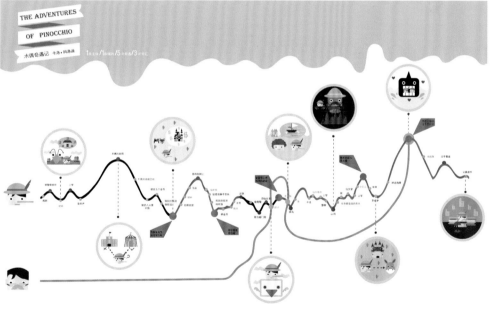

图 2-38 《木偶奇遇记》可视化图表，作者：庄瑞灵，指导老师：蔡燕

这两张图是内容完全相同的图表，所选择的图表类型不同，传递的信息也会有所变化。上图选用地图主要表达了主角的行动轨迹与故事人物关系。下图在此基础上，减少了视觉化的描绘，运用了坐标系的折线图增强了图表的信息容量，更直观地表现了时间、地点与人物之间的关联性，更有效地传递了故事线索与核心信息。

三、可视化设计原则

1. 真实性

可视化设计的首要原则为数据的真实性，体现在正确表达数据中的信息而不产生偏差与歧义上。在图形映射的过程中，数据误差或是不严谨的标尺等容易造成认知上的错觉，耶鲁大学统计学教授爱德华·塔夫特曾引入了"谎言因素"的概念来描述可视化中的物理差异与数据差异大小的对应程度——如果图形的谎言因子接近1，表示它适当地表示了数据；若谎言因子远离1，则反映出基础数据的失真。如《纽约时报》在1978年的一篇报道中撒谎因子竟然为14.8，也就是说图形中的差异把真实数据差异放大了近15倍（图2-39）。在爱德华·塔夫特的论述中，主要的图形设计或展示的歪曲多数来自三维视觉线索，特别是透视干扰、不相等的坐标单位等因素。塔夫特归纳了图形诚实的六大原则——同比原则、完备标记、数据变化、标准单位、同等维度与数据场景，这六大原则增加了可视化设计的准确度。可视化的精髓在于理解数据中的关系和模式，当没有数据时，编造或拼凑数据是错误的。同时还需注意数据的展示不能脱离其上下文，就如同故事讲述需具备完整性一样，仅截取其中某个部分表达，容易出现断章取义的后果，并造成信息传递的曲解与错漏。在上下文的表现形式上，可以使用注释来帮助创建数据故事的过程，也可以添加图形元素来使这些注释更有意义，以便将这些信息更直接地关联到我们的数据。总的来说，比结论更重要的就是数据准确度，如果数据都不准确，那得到的结论便失去了探索的价值。

2. 有效性

要达到可视化的有效性，要求进行最大化的信息降噪，尽可能地把非数据信息类的元素剔除，重点保留想展示的数据信息，从而降低阅读中的信息干扰。例如，

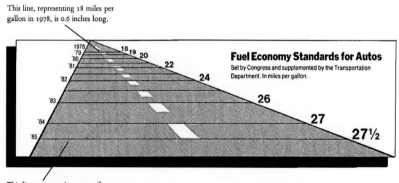

图2-39 《纽约时报》1978年8月9日的报道用图

删除不起任何作用的结构元素使数据清晰（如背景、线条和边框）；减弱不必要的结构元素（如轴、网格和刻度线），否则这些元素会与数据争夺注意力；强调表达中的高辨识度和聚焦性，即在做可视化的时候，把通过数据比较得到的差异部分、体现洞察信息的内容利用明显不同的颜色、形状、文字标注等手段进行区别，让读者的视线聚焦在数据所传递的信息重点上。

可视化作为一种视觉语言，要与读者之间建立沟通。良好的沟通取决于所表达的内容是否为用户真实诉求，所以，在做可视化设计之前要清楚地认识到为什么做，讲述什么故事，以及倾诉者是谁。数据合理、逻辑清晰才能为读者提供有用、合适、高效的数据服务。

3. 系统性

搭建一套专属性的视觉组件系统，需要设计者具备系统性的设计思维能力，这将有助于为观者组织一系列完整、统一的用户体验。要认识到数据在限定范围内表现的一致性，将规范性组件设计以同样的模式明确、有秩序地传达给观者。坚持在各个环节统一视觉要素，在一定时间内不轻易改变，达到整体视觉的连续性和统一性。尤其在面对庞大的数据信息处理时，建议利用思维导图的梳理将所有已知的、未知的、假设的信息进行具象化呈现，并对其映射的视觉要素——对应。例如图表的结构、图形的组织，文本的字体、字号、大小层级关联，颜色所对应的信息内容等，系统性建构需要在设计前期就展开统筹思考。

4. 艺术性

艺术化的视觉映射，除了增强视觉吸引力、美化数据之外，更重要的目的是更好地服务于数据的信息编码，为数据与用户之间搭建起高效、准确的沟通桥梁。对可视化作品艺术性表达的判定，每个人的理解都会不同。例如奈杰尔·霍姆斯（Nigel Holmes）支持在信息设计中大量使用插图说明和装饰。他 1978 年至 1994 年在《时代》杂志做的编辑插图"解释图形（Explanation Graphics）"（图 2-40），便很清晰地表达了使用图形隐喻来加强主题，使其更加吸引读者视觉的观点。而爱德华·塔夫特恰恰与之相反，他主张设计中任何不传递具体信息的图形元素都是多余的，诸如不必要的线段、标志或者装饰元素之类的图表垃圾会分散读者注意力和曲解数据，因而脱离图形整体，降低它的价值。

或许我们会因此而感觉到困惑：到底哪个才是正确的方法呢？产生争执的原因实际上是忽略了可视化的目标，就如同科学类、新闻类、艺术类的数据可视化目标也有很大的差异一样，目标的需求决定了视觉表达的判断，我们对消费信息感兴趣时，究竟是什么吸引了我们？如果展现内容相同，那么人们不太可能会宁愿阅读长篇文章而不是快速地查看多媒体。多元化媒介让我们的大脑埋没在数据当中，而可视化可以使我们更加高效地消化和理解。即使目标只是单纯为分析而呈现信息，且读者无须采取任何的行动，增加艺术美感仍然是有益于信息传递的。动态的、视觉丰富的可视化显然优于普通的静态可视化，但考虑实现途径非常重要。仅仅让内容可视化还不够，还要让它看起来很有趣并能强化读者的注意力。可以通过使用代表性意象、说明性隐喻、相关联的装饰框架机制等传播信息的强大工具来实现这一点。不过，必须牢记信息传达的目标。适当的装饰性和说明性元素会随着信息图表的应用不同而产生变化，如果使用不当，艺术化有可能会分散受众在数据信息上的注意力，这有损了图形的总价值。所以在寻找和保持吸引力与准确度之间的平衡时，需要一个既专业又细致的设计迭代过程。

图 2-40　20 世纪 70 年代《时代》杂志的信息图表，作者：奈杰尔·霍姆斯

本章内容：本章主要阐述数据驱动的视觉艺术特征，并根据其艺术特征的类别选择相关艺术设计作品进行详情分析与说明，了解数据驱动的艺术作品从概念产生到调研分析，以及数据处理与最终视觉转译的创作过程。

学习目的：了解数据艺术作品的特征与优势，并从优秀作品解析中思考以数据驱动为核心的艺术工作方法通过不同视觉艺术特征所呈现的创新方向，启发可视化设计的艺术性表现探索。

上一章，我们介绍了数据可视化的创作逻辑、设计方法以及过程中需遵循的各项原则。随着数据可视化艺术表现形式的多模态演变，艺术创作者的主观性与创作内容的客观性之间的界限逐渐模糊。但以数据驱动为核心的视觉艺术类型与科学、新闻领域的数据可视化还是有一定区别的，它在综合计算机科学、信息技术的同时，介入了更多的艺术形式，包括行为艺术、装置艺术、视觉艺术、新媒体艺术与概念艺术等。尽管如此，数据艺术的前提仍必须是遵循数据的真实性，而不能是偏颇于感知或隐喻。如果失去了数据与艺术映射之间的直接关联性，则不能将其称为数据艺术。

从本质上看，数据是物理世界里的客观量化，在一定条件下向艺术信息转化，这种转化为枯燥无味的数据赋予了可看、可听、可感的多元形式。当下，有很多具备探索精神的艺术家将数据作为艺术驱动的创作内容，以丰富多样的艺术类型为大众提供了全新的观感体验，在特定的艺术语境中，以虚拟的感官重新审视我们身处的现实世界。因此，根据数据驱动的视觉艺术特征，我们可将其具体分为：数据驱动的现象共情、动态数据的实时反馈、生成数据的交互体验与数据逻辑的算法生成四个部分。

第一节　数据驱动的现象共情

"数据可视化能否唤起同理心，并在情感层面激活我们，而不仅仅是在认知层面？看着数据可视化，它能让你感觉自己是某人生活故事的一部分吗？"

——乔治亚·卢皮

数据驱动的现象共情特征主要来自数据材料的物理真实性与准确度，数据样本作为艺术创作的材料，不能凭创作者主观性去任意塑造，而必须很大程度依照数据所包含的维度和维度属性来展开研究创作。数据艺术既不像传统艺术一样单纯体现创作者的观念，也不像装置艺术那样强调观众的交互体验，而是更加强调材料本身，即数据在艺术作品中的主体性。由于数据艺术的核心建立在物理世界被量化的真实性之上，将不可窥见的数据信息通过艺术转译为视觉、听觉、触觉、味觉等五感接收的内容，从而延伸了数据的"可视化"与"可读性"。当数据被赋予多维度的艺术化表现，以非本源价值、用途的面貌出现在观者面前时，数据就呈现出了与其本质意义截然不同的艺术特性，令观者在增加对不可见数据的感官认知的同时，心理上对数据映射的真实现状产生了情感共鸣。

以可视化设计《城市切片》（图 3-1）为例，通过数据挖掘、创作契机、采集目标、分析逻辑与处理方法，使与大众息息相关的生活数据重新建构形成新型城市模型作品。因为数据驱动的"真实性"与"关联性"加强了观者阅读时的互联情感，所以，较其他类型的艺术作品，数据驱动的作品更能获得"现象共情"的知觉体验。

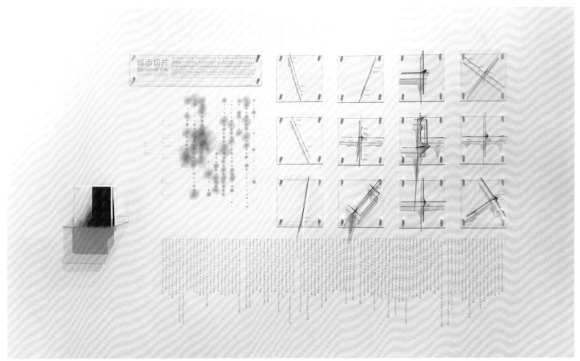

图 3-1 《城市切片》，作者：刘熠鹤、邱哲衔、曾显睿，指导老师：史春生、黄启帆、吴南妮、宋倩
作品运用地铁不同线路上的人流量数据展示了不同方位、共 12 个区域的城市结构，形成新型的城市模型。观者作为数据的创造者，可通过作品模型反观城市与自身之间的关系，并对未来城市的发展产生进一步的思考，同时也佐证了城市边界正逐渐模糊的现象。
作者网站：http://zliiidesign.com/2022/06/09/flower/

数据可视化

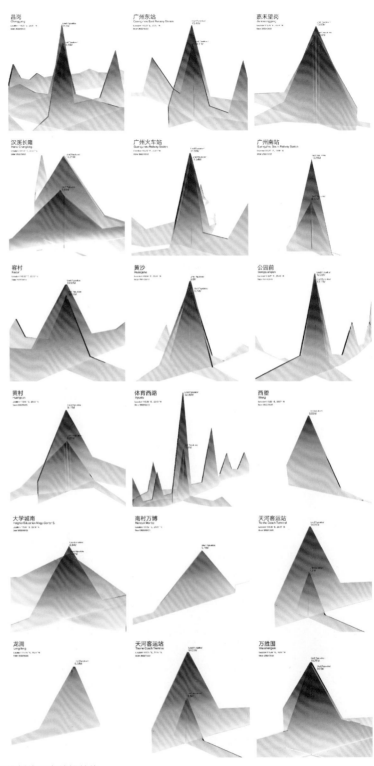

图 3-2　不同方位地铁站点的三维折线图表数据转换
作者网站：http://zliiidesign.com/2022/06/09/flower/

作品创作的契机来自 2021 年 9 月底广州 18 号线的正式通车。18 号线从广州市中心直通广州南端的万顷沙，同年年底，佛山 2 号线从广州南站开到了佛山，这个城市发展所带来的变化令人们觉得地铁线路就像是一个城市的血管、脉络，构成了一个越来越庞大的生命体。这些线路和生活在这座城市中的人们共生共存、密不可分。调研发现，在粤港澳大湾区 2030+ 地铁线路规划图中，广东省大部分城市都通过地铁线路被连接起来。城市与城市之间不再像原来那样孤立存在，可以预见未来将会形成更大的"超级城市"。

美国国家航空航天局（NASA）公布的城市灯光卫星图对不同城市同一时期进行了横向比较的同时，也对同一城市不同发展阶段的形态进行了纵向比较。通过对比分析发现，自 20 世纪开始，世界各国都开始进行城市群、都市圈以及湾区的建设，而凯文·林奇的城市意象五分法中"边界"元素的概念在这个发展的过程中逐渐开始模糊，城市与城市之间用来区分的线性元素也逐渐消除。虽然一直生活在城市之中，但大多数人对城市的认知是模棱两可的。所以确定作品主题之后，我们需对想表达的对象进行重新且相对全面的认识。

城市意象五分法概括了城市中五个主要元素——"道路""边界""区域""节点""标志物"。作品选择其中的"道路""节点""边界"这三个元素作为研究与概括的对象。基于城市发展的进程，对其发展阶段进行了排序和元素推导，从城市当下发展的最高阶段中提取相互联系的元素进行设计。采集广州市九条主要地铁线路的人流量数据，结合城区热力图进行二次处理，并构成基础信息图表（图 3-3）。最后结合人、道路与城市演化之间的关系对城市做出一个有别于建筑设计的视觉化表达，完成一个新的且符合当下实际语境的城市模型（图 3-4 至图 3-8）。

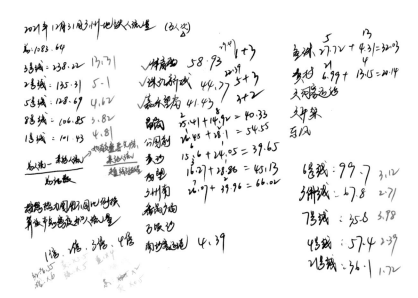

图 3-3　人流量推导计算草稿

Line1/101.43M
Xilang/9.85M
Kengkou/0.74M
Huadiwan/1.21M
Fangcun/1.15M
Huangsha/8.42M
Changshou Lu/2.11
Chen Clan Academy/3.85M
Ximenkou/1.63M
Gongyuanqian/12.71M
Peasant Movement Institue/2.87M
Martyrs'Park/2.23M
Dongshankou/4.43M
Yangji/4.12M
Tiyu Xilu/17.6M
Tianhe Sport Center/13.1M
Guangzhou East Railway Station/15.41M
Line2/135.31M
Guangzhou South Railway Station/15.28M
Shibi/5.13M
Huijiang/0.75M
Nanpu/0.69M
Luoxi/1.65M
Nanzhou/1.41M
Dongxiaonan/3.64M
Jiangtai Lu/3.12M
Changgang/11.1M
Jiangnanxi/8.45M
The 2nd Workers'Cultural Palace/4.96M
Haizhu Square/8.77M
Gongyuanqian/12.23M
Sun Yet-sen Memorial Hall/6.24M
Yuexiu Park/4.78M
Guangzhou Railway Station/11.54M
Sanyuanli/7.46M
Feixiang Park/2.62M

Botancial Garden/3.1M
Longdong/5.02M
Kemulang/1.11M
Gaotangshi/1.07M
Huangbei/1.45M
Jinfeng/1.13M
Xiangang/1.47M
Suyuan/1.02M
Luogang/1.1M
Xiangxue/2.11M
Line7/35.22M
Higher Education Mage Center S./6.22M
Banqiao/2.11M
Yuangang/1.13M
Nancun Wanbo/5.78M
Hanxichangklong/6.56M
Zhongcun/1.19M
Xiecun/1.12M
Shibi/2.57M
Guangzhou South Railway Station/9.12M
Line8/106.85M
Wanshengwei/10.25M
Pazhou/7.54M
Xingangdong/3.11M
Modiesha/2.89M
Chigang/5.12
Kecun/10.92M
Lujiang/5.24M
Sun Yet-Sen University/5.89M
Xiaogang/2.75M
Changgang/10.45M
Baogang Dadao/3.02M
Shayuan/7.73M
Fenghuang Xincun/3.01M
Tongfuxi/2.09M
Cultural Park/3.91M

Baiyun Park/2.98M
Baiyun Cultural Square/1.72M
Xiao-gang/1.13M
Jiangxia/3.45M
Huangbian/4.21M
Jiahewanggang/12.18M
Line3/238.22M
Panyu Square/9.04M
Shiqiao/8.87M
HanxiChanglong/10.21M
Dashi/9.98M
Xiajiao/4.31M
Lijiao/4.27M
Datang/5.91M
Kecun/10.13M
Canton Tower/10.12M
Zhujiang New Town/21.74M
Tiyu Xilu/32.36M
Shipaiqiao/9.21M
Gangding/8.23M
South China Normal University/8.02M
Wushan/6.07M
Tianhe Coach Terminal/14.13M
Linhexi/11.71M
Guangzhou East Railway Station/13.11M
Yantang/9.33
Meihuayuan/1.23M
Jingxi Nanfang Hospital/1.04M
Tonghe/2.11M
Yongtai/0.51M
Baiyundadaobei/0.97M
Jiahewanggang/13.05M
Longgui/1.74M
Renhe/1.31M
Gaozeng/0.88M
Airport S./2.97M

Hualin Buddhist Temple/1.01M
Chen Clan Academy/4.82M
Xicun/3.21M
Ezhangtan/1.21M
Tongde/2.17M
Shangbu/0.98M
Julong/1.04M
Shitan/1.56M
Xiaoping/1.44M
Shijing/1.77M
Tinggang/1.68M
Jiaoxin/2.04M
Line21/36.1M
Yuancun/3.42M
Tianhe Park/2.01M
Tangdong/1.91M
Huangcun/6.21M
Daguannanlu/3.11M
Tianhe Smart City/1.21M
Shenzhoulu/0.22M
Science City/0.31M
Suyuan/3.27M
Shuixi/0.12M
Changping/0.08M
Jinkeng/0.04M
Zhenlongxi/3.97M
zhenlong/0.91M
Zhongxin/0.74M
Kengbei/0.88M
Fenggang/0.52M
Zhucun/0.21M
Shantian/0.32M
Zhonggang/0.51M
Zengcheng Square/6.13M
Line1/101.43M
Xilang/9.85M

Airport N./5.66M
Line4/57.4M
Nansha Passenger Poart/0.37M
Nanheng/0.23M
Tangkeng/0.88M
Dachong/0.72M
Guanglong/0.54M
Feishajiao/0.41M
Jinzhou/0.33M
Jioamen/0.54M
Huangge/0.61M
Huange Auto Town/0.79M
Qingsheng/1.03M
Dongchong/0.08M
Dichong/0.07M
Haibang/3.42M
Shiqi/2.01M
Xinzao/2.67M
Higher Education Mage Center S./6.94M
Higher Education Mage Center N./4.23M
Guanzhou/1.52M
Wanshengwei/9.23M
Chebeinan/7.21M
Chebei/4.4M
Huangcun/9.17M
Line5/128.69M
Jiaokou/6.45M
Tanwei/2.11M
Zhongshanba/1.05M
Xichang/2.27M
Xicun/2.71M
Guangzhou Railway Station/11.96M
Xiaobei/4.3M
Taojin/4.82M
Ouzhuang/3.02M
Zoo/3.93M

Kengkou/0.74M
Huadiwan/1.21M
Fangcun/1.15M
Huangsha/8.42M
Changshou Lu/2.11
Chen Clan Academy/3.85M
Ximenkou/1.63M
Gongyuanqian/12.71M
Peasant Movement Institue/2.87M
Martyrs'Park/2.23M
Dongshankou/4.43M
Yangji/4.12M
Tiyu Xilu/17.6M
Tianhe Sport Center/13.1M
Guangzhou East Railway Station/15.41M
Line2/135.31M
Guangzhou South Railway Station/15.28M
Shibi/5.13M
Huijiang/0.75M
Nanpu/0.69M
Luoxi/1.65M
Nanzhou/1.41M
Dongxiaonan/3.64M
Jiangtai Lu/3.12M
Changgang/11.1M
Jiangnanxi/8.45M
The 2nd Workers'Cultural Palace/4.96M
Haizhu Square/8.77M
Gongyuanqian/12.23M
Sun Yet-sen Memorial Hall/6.24M
Yuexiu Park/4.78M
Guangzhou Railway Station/11.54M
Sanyuanli/7.46M
Feixiang Park/2.62M
Baiyun Park/2.98M
Baiyun Cultural Square/1.72M

Yangji/4.01M
Wuyangcun/6.78M
Zhujiang New Town/15.83M
Liede/5.42M
Tancun/4.12M
Yuancun/5.12M
Keyun Lu/4.13M
Chebeinan/7.21M
Dongpu/4.77M
Sanxi/7.82M
Yuzhu/6.73M
Dashadi/5.39M
Dashadong/3.82M
Wenchong/4.83M
Line6/99.7M
Xunfenggang/1.02M
Hengsha/1.81M
Shabei/1.34M
Hesha/1.21M
Tanwei/2.1M
Ruyifang/3.41M
Huangsha/8.8M
Cultural Park/4.05M
Yide Lu/5.13M
Haizhu Square/5.34M
Beijing Lu/9.14M
Tuanyida Square/2.44M
Donghu/3.25M
Dongshankou/4.13M
Ouzhuang/2.07M
Huanghuagang/2.29M
Shaheding/2.74M
Tianpingjia/5.5M
Yantang/6.24M
Tianhe Coach Terminal/7.8M
Changpeng/1.31M

YXiao-gang/1.13M
Jiangxia/3.45M
Huangbian/4.21M
Jiahewanggang/12.18M
Line3/238.22M
Panyu Square/9.04M
Shiqiao/8.87M
HanxiChanglong/10.21M
Dashi/9.98M
Xiajiao/4.31M
Lijiao/4.27M
Datang/5.91M
Kecun/10.13M
Canton Tower/10.12M
Zhujiang New Town/21.74M
Tiyu Xilu/32.36M
Shipaiqiao/9.21M
Gangding/8.23M
South China Normal University/8.02M
Wushan/6.07M
Tianhe Coach Terminal/14.13M
Linhexi/11.71M
Guangzhou East Railway Station/13.11M
Yantang/9.33
Meihuayuan/1.23M
Jingxi Nanfang Hospital/1.04M
Tonghe/2.11M
Yongtai/0.51M
Baiyundadaobei/0.97M
Jiahewanggang/13.05M
Longgui/1.74M
Renhe/1.31M
Gaozeng/0.88M
Airport S./2.97M
Airport N./5.66M
Nansha Passenger Poart/0.37M

数据可视化时代

图 3-4　数据原始采集

Location / 体育西路
Date/ 2021-12-31
Population / 58.93

Location / 珠江新城
Date/ 2021-12-31
Population / 44.77

Location / 嘉禾望岗
Date/ 2021-12-31
Population / 41.43

Location / 公园前
Date/ 2021-12-31
Population / 29.95

Location / 黄沙
Date/ 2021-12-31
Population / 25.65

Location / 西望
Date/ 2021-12-31
Population / 22.36

Location / 广州南站
Date/ 2021-12-31
Population / 21.33

Location / 黄村
Date/ 2021-12-31
Population / 11.63

Location / 天河客运站
Date/ 2021-12-31
Population / 40.47

Location / 天平架
Date/ 2021-12-31
Population / 37.43

Location / 番禺广场
Date/ 2021-12-31
Population / 33.11

Location / 昌岗
Date/ 2021-12-31
Population / 23.65

Location / 东风
Date/ 2021-12-31
Population / 4.34

Location / 南沙客运港
Date/ 2021-12-31
Population / 3.68

Location / 万顷沙
Date/ 2021-12-31
Population / 0.03

图 3-5 《城市切片》数据分析

番禺广场
19.998 × 19.998cm

东风
19.998 × 19.998cm

天平架
19.998 × 19.998cm

黄村
19.998 × 19.998cm

天河客运站
19.998 × 19.998cm

鱼珠
19.998 × 19.998cm

万顷沙
19.998 × 19.998cm

南沙客运港
19.998 × 19.998cm

广州南站
19.998 × 19.998cm

黄沙
19.998 × 19.998cm

公园前
19.998 × 19.998cm

昌岗
19.998 × 19.998cm

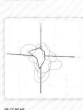

珠江新城
19.998 × 19.998cm

嘉禾望岗
19.998 × 19.998cm

体育西路
19.998 × 19.998cm

图 3-6 《城市切片》数据视觉转译过程

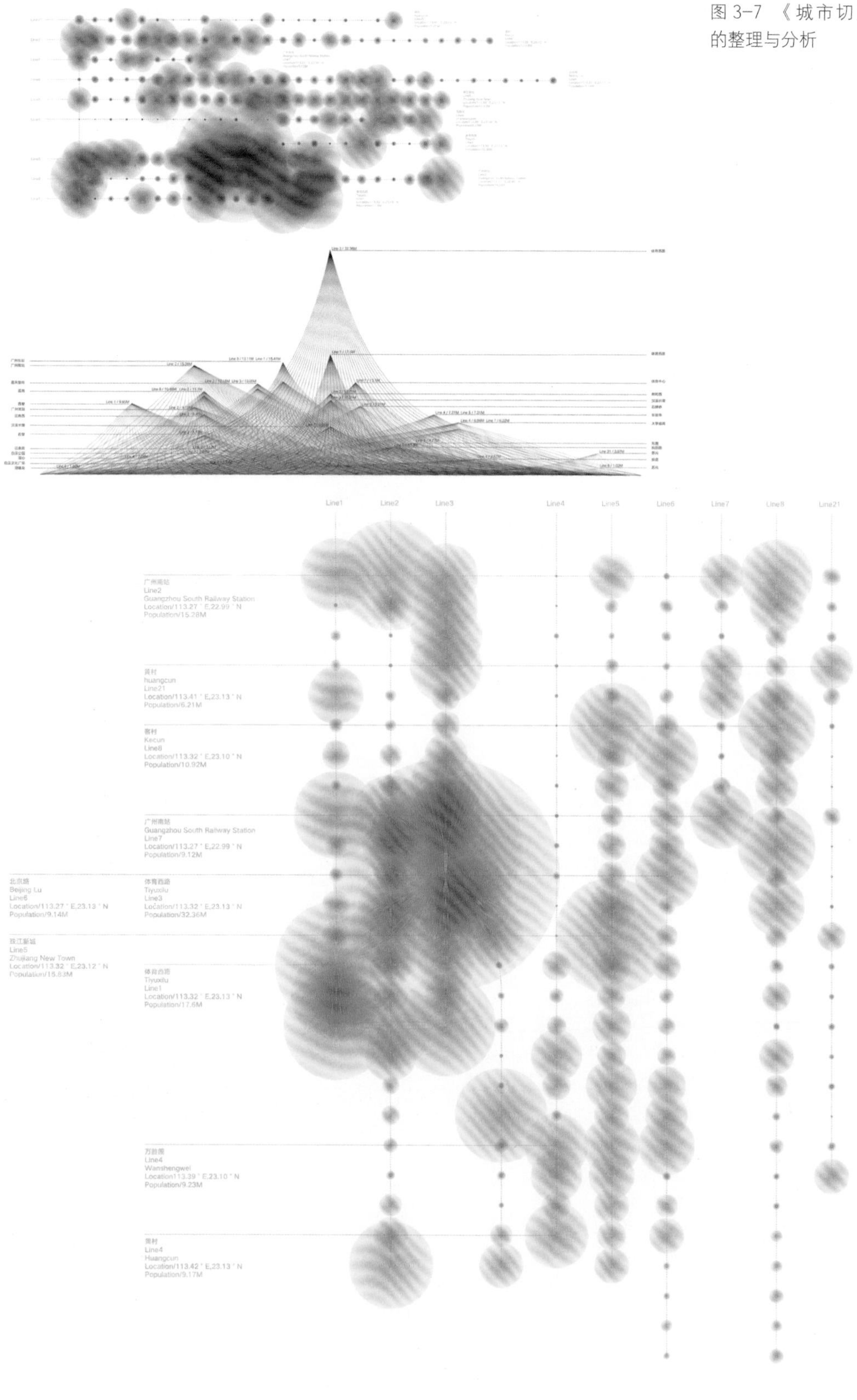

图 3-7 《城市切片》数据的整理与分析

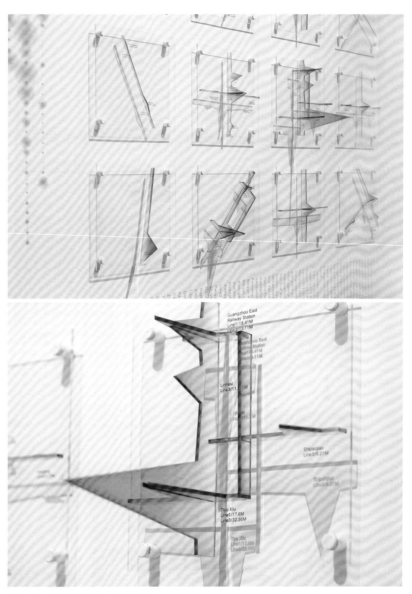

图 3-8 《城市切片》作品局部

　　作品核心在于大众所创造的人流量数据。作为可视化视觉设计的表现依据强调了这一重点，在城市形态转变与边界模糊的当下，观者从自身体验的感知层面获得了一个新的认知城市角度，从而实现了"人"与"城市"相互重塑、相互探索、相互交织，且螺旋上升的紧密关系。

　　正因为数据来源与生活息息相关，因此现象共情的特征中也体现了作品的社会性，例如交互装置作品《欲望泡沫商店》（图 3-9 至图 3-11）。这个作品运用新技术造就了一个编织精致幻想的消费文化生成机器，作者为了表达"万物皆可消费主义"的创作主题，通过网络对直播带货中的热点促销文本内容进行采集与排序。

消费主义最常用的手段是运用广告文案伪造一系列文化内涵，用情感绑定消费者，甚至将人的价值与商品挂钩。在作品的交互体验流程中，参与者只需置入随身携带的任意物品，通过人工智能 AI 技术的介入，任何不起眼的物品都可以被识别并匹配相应的消费主义话术，自动生成适应各种物品比例大小的随机海报。被消费主义浪潮裹挟的个人，总是错误地把提高消费水平视为追求美好生活的根本方式，进而导致消费总体呈非理性趋势。作者运用数据驱动的真实性，反映了当下消费主义是如何让人陷入其精心铺设的陷阱的，激发了观者对"消费陷阱"现象的共情认知，也令所有参与者在体验成为虚拟陷阱的制作者时，获得在消费文化勾勒的现实世界中如何自处的启悟。

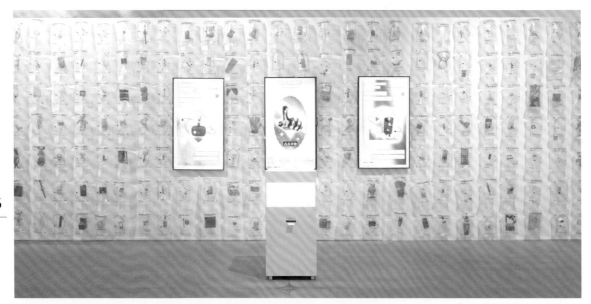

图 3-9　《欲望泡沫商店》展览现场，作者：林本健、王妍、陈惠妍、李懿，指导老师：蔡燕、吴南妮、潘永亮

图 3-10　《欲望泡沫商店》海报。观者对随身物品进行智能识别，便可通过算法实时匹配文案并生成专属的海报。

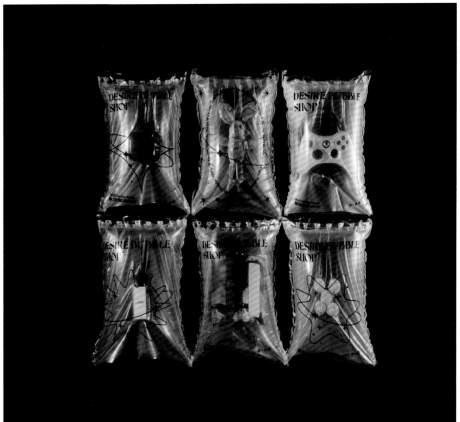

图 3-11　《欲望泡沫商店》局部，文本算法实时匹配并生成的物件标签（上图）以及物品包装盒（下图）。

　第三章　数据驱动的可视化艺术特征

第二节　动态数据的实时反馈

随着新技术的飞速发展与不断更新，越来越多的艺术创作开始使用在线数据，通过传感器接入数据艺术程序，开展实时的数据艺术创作。传感器将外界可感知的风速、声音、脉搏、空气、湿度、光、重力等信号通过计算机的运算，实时反馈出数据的可视化动态变化。数据生成的实时反馈令结果持续动态地更新与变化，犹如为作品注入生命周期，结合故事化的结构与特点，从而获得数据活化的心理体验。

实时数据可视化作品《云图》（图3-12至图3-16）选择了广州、莫斯科、纽约、巴西利亚、堪培拉等纬度及气候差异较大的城市作为数据样本，通过网络抓取气温、风力、PH2.5、湿度的实时数据，不同维度的实时数据犹如即时快照，能帮助捕捉不断变化的事物。数据点聚集到一起就形成了数据集合以及统计汇总，从抽象意义上说，包含信息和事实的数据是所有可视化的基础。对原始数据了解得越多，打造的基础就越坚实，也就越可能制作出令人信服的作品。实时的反馈除了增强作品的可信度之外，还能打破对物理与虚拟世界的感知界限，并创造出一种经验世界与数据背后的图像关系（图3-17至图3-20）。

图3-12 《云图》，实时数据可视化艺术装置，作者：张俊武，指导老师：蔡燕、王连晟
通过抓取实时天气数据进行影像的生成，向观众表达不同天气的认知感受。

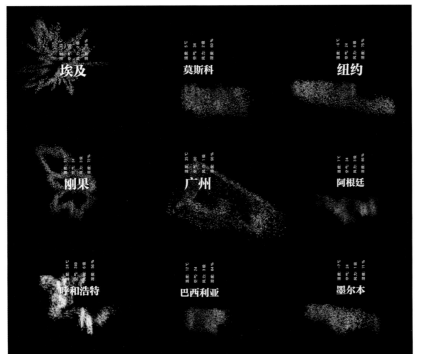

图 3-13　不同地域的天气数据所
映射视觉影像——《云图》

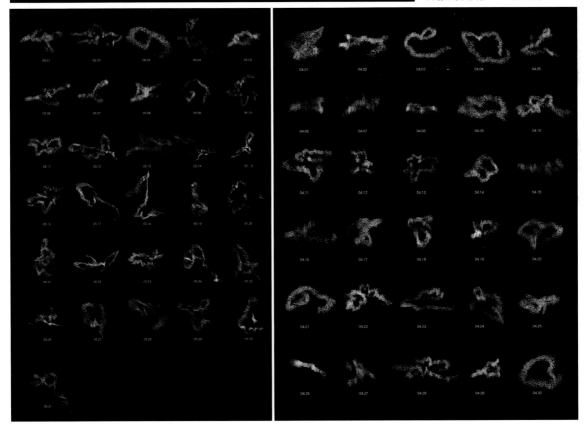

图 3-14　左图：广州 4 月天气的视觉映射记录，右图：广州 5 月天气的视觉映射记录

```
1  PVector BeijingTemp(String s) {
2    PVector P = new PVector();
3    for (int j = 0; j < text.length; j++) {
4      String m[] = match(text[j], s);
5      if (m!= null) {
6        String m1[] = match(text[j], "<h1>(.*?)<");
7        if (m1!=null) {
8          println(m1[1]);
9        }
10       String m2[] = match(text[j+3], ">(.*?)</p>");
11       if (m2!=null) {
12         println(m2[1]);
13       }
14       String m3[] = match(text[j+5], "<span>(.*?)</span>");
15       if (m3!=null) {
16         String s3 = m3[1].substring(0,2);
17         println(s3);
18         P.x = float(s3);
19       }
20       String m4[] = match(text[j+6], "<i>(.*?)</i>");
21       if (m4!=null) {
22         String s4 = m4[1].substring(0,2);
23         println(s4);
24         P.y = float(s4);
25       }
26     }
27   }
28   return P;
29 }
30
```

"2018041220">
<input type="hidden" id="update_time" value="18:00">
▼<ul class="t clearfix">
  ▼<li class="sky skyid lv3 on">
    <h1>12日 (今天) </h1>
    <big class="png40"></big>
    <big class="png40 n01"></big>
    <p title="多云" class="wea">多云</p>
  ▼<p class="tem">
    <i>23℃</i>
  </p>
  ▶<p class="win">...</p>
    <div class="slid"></div>
  </li>

图 3-15　抓取网络上的实时数据：气温、风力、PM2.5、湿度

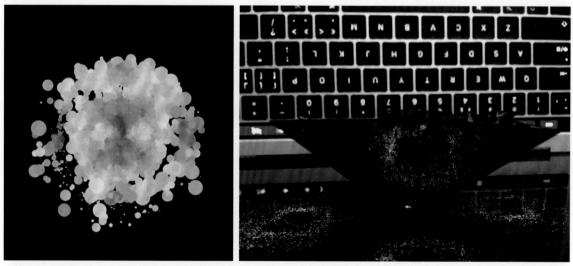

图 3-16　通过粒子的节奏变化增强了不同天气的视觉差距，重塑天气数据的视觉化映射。

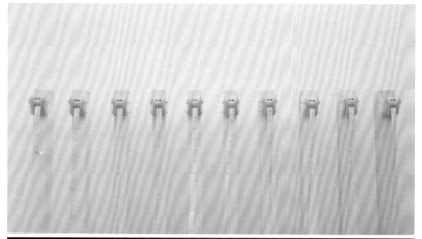

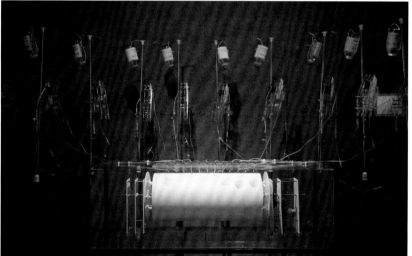

图 3-17 《丰剩 + 腐相》，实时数据可视化艺术装置，作者：叶树伦，指导老师：林欣杰、蔡燕

《丰剩》（上图）抓取某网络平台某年 11 月 11 日实时销售数据，驱动作品的动态呈现，热敏打印机堆积如山的数据小票呈现了几大城市的消费实况。《腐相》（下图）为同组数据的反向呈现方式，通过销售数据变化控制点滴的输入速度，无色无味的液体随着点滴的快慢侵蚀了丰盛的表面。这组作品中，实时数据驱动的不仅仅是堆积如山的繁盛景象，它同时也带来了消费主义泛滥、物质过剩以及供过于求、环境破坏等各类社会问题。

图 3-18 《丰剩》局部，实时数据驱动热敏打印机现场持续输出的热销单据。作者：叶树伦，指导老师：林欣杰、蔡燕

第三章 数据驱动的可视化艺术特征

图 3-19 《丰剩》局部。作品的展示是一个持续过程的记录和隐喻，随着展期的时间流逝，不断打印出来的热销单据逐渐累积，令观者可以立体且直观地看到不同城市当下发生的销售数据实况。

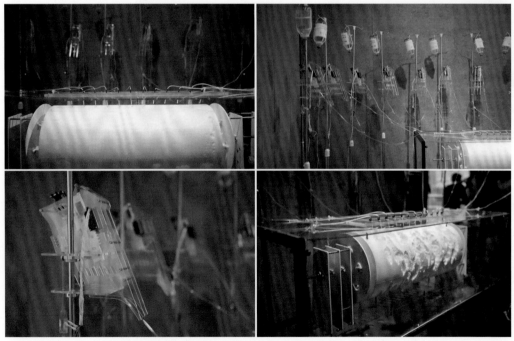

图 3-20 《腐相》局部。《腐相》与《丰剩》作为一组作品，表现的是同一事件的两面性，通过数据的多与少控制了点滴速度的快慢，作为社会丰盛繁茂的另一面，是对环境的侵蚀与消耗。而数据则是其中隐形的线索。

第三节　生成数据的交互体验

　　生成数据的交互体验与第二节所述的数据的实时性比较，它们的共通的特征在于生成数据也具有实时性，不同则在于交互与参与性，参与者的交互行为介入驱动了数据的生成，可以突破软件工具所限定的重复循环模式，不仅能获取随机的视觉多样变化，而且能将信息的接受者转变为信息创造者。与运用既定的数据库不同的是，参与者自身便是数据库的组成部分，其信息也直接影响了作品的形态与反馈，强调个体的情绪表达，拉近了人与作品的心理距离。

　　可视化艺术装置作品《字迹勘查计划》（图3-21至图3-31）便是通过交互行为实时生成的视觉艺术作品。视觉形态根据参与者的书写行为的笔迹数据而随机构筑，这种随机性可随着时间的延长而不断积累与变化，且动态表现打破了设计者预设的固定循环规律，即赋予了计算机限定范围内的自主性，通过交互触发到视觉生成创造了一个完整的动态阅读流程。

图3-21　可交互数据艺术装置《字迹勘查计划》，作者：刘学致、黄丹蕾，指导老师：蔡燕、王连晟
现场实时采集手写的字迹，通过计算机演算进行视觉图形的转换探索。

生活、学习经历不同，握笔书写的习惯也会不一样，随之会产生各自不同的书写字迹。就如声音，虽无具象固定的形态，却又独具特征。但说是很直观的特征，又很难客观进行描述，究竟该如何"解析"呢？随着数字时代的发展，利用手机、电脑等设备进行信息交流的占比越来越大，远端传递信息也从曾经的手写书信逐渐转变成键盘输入、语音输入、表情包等方式。用笔书写的机会减少，导致字"不会写"或"写不好"的状况越来越多，形容"字如其人"似乎不再准确。即便无法一言概之，每个人都拥有自己特有的写字习惯和字迹特征，依然是客观存在的事实。

面容体态是身体构成的直接结果，而同样各具特质的字迹，唯有被写出来，才能被感知。大量字迹样本背后可以"感受出"被调查者的字迹特征。这些特征主要表现在字体大小、单字笔画习惯、多字排列间距（字距行距）、下笔力度等方面。但过于概括的、基于人认知经验的主观说法（如"好看、工整、潦草"等），并不便于信息的捕获与转译。从写字这一行为到字迹产生的过程，客观描述上可被看作是"墨水随着时间推进在纸上留下轨迹的过程"。若将笔尖看作一个点，不同的人留下这些轨迹的不同，也可被描述为这个点的运动，在不同时刻，以不同速度，走向不同的方向。至此，便可分析得出，字迹的路径轨迹（包含方向信息）、速度（笔尖点随着时间移动的距离）等数据，可以成为后续创作的信息源。

从"形成视觉信息的过程捕获信息"到"视觉信息"的转译，整理字迹采集表使用了 Eagle，前期图形尝试是 Illustrator 和 Photoshop，后期编程则使用 Processing 完成，现场展示的联动打印机运用了 Python。使用编程工具最大的特点是算法复用性带来的高效输出和提供了实时反馈的可能。这是一个"特征性"的探究，能让更多的人真实地参与到艺术设计过程当中，这比一个静态的结果更有"因果相连"的意义。

计算机识别不同字迹的程序判断，需要在前期将文字样本进行像素化处理。像素是计算机成像的基本单位，可以较大程度地概括样本图形，同时也可以将肉眼感知到的视觉信息，转化成二维的点位信息。我们从像素化后的内容中观察到，笔画越密集，越有变成"色块"的倾向，而笔画越稀疏，越有消失的倾向。

在此阶段，字迹开始从文字转译到图形的感受。

问卷内容	采集目的
编号	便于后期录入数据
性别	猜测具有相关性的因素
年龄	随着年龄的增长，字体变化是否会存在整体上变好的趋势？
成长地	不同地域的人写字是否会呈现某种整体上的差异？
自评性格	外向的人写字是否会比内向的人更奔放？
相关者编号	同个家庭，字迹是否也会呈现如同血缘一般带来的相似性？恋人伴侣之间的字迹是否也会具有某些相似性？

图 3-22　对字迹进行样本采集的调查问卷内容

本次调查共发放 260 份问卷，共收回 227 份问卷（男性样本 109 例，女性样本 116 例，未填性别 2 例）。涉及年龄层跨越 8 岁至 72 岁。地域跨广东、广西、湖南、湖北、安徽等 8 个省 / 自治区，其中两广地区样本量占较大比重。

图 3-23　不同问卷卡的数据对比

被采集者的手写字迹包括：中文、字母及阿拉伯数字。其中中文分为四字"我的字迹"和《登鹳雀楼》全诗，试图以少量的字数降低被调查者的填写心理障碍，同时尽可能地从少量的字数中采集到被调查者更多的原始字迹特征，以及通过拍照采集笔手势的图像信息。

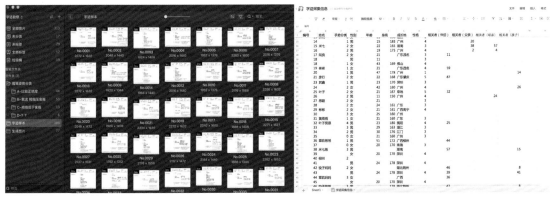

图 3-24　字迹特征及可捕获的相关信息分析

回收后的采集表，全部被扫描成电子档存入电脑，用 Eagle 软件进行图片资料的分类管理。

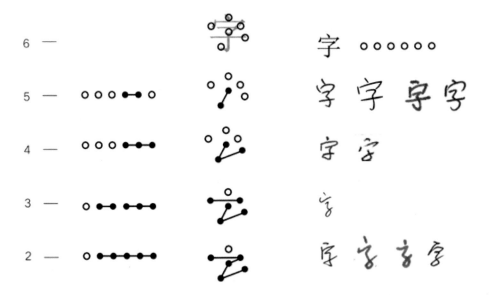

图 3-25　字迹特征及可捕获的相关信息分析

对于手写字来说，标准的笔画数量是不值得去参考的。手写会产生连笔，不同的人书写的习惯不一样，所以即便是同一个字，也会产生不一样的连笔方式。一个人连笔越久，这一笔涵盖的笔画就越多，长度越长；而一个人若写字比较一笔一画，则笔画数量会较多，单笔长度也较短。

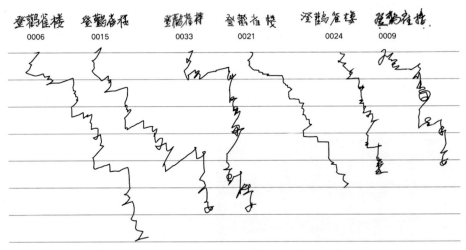

图 3-26　全体笔画连接走向

即便是同样的文本，不同的字迹产生的曲线都不尽相同。既然每个人的笔画走向习惯不一样，连笔习惯不一样，那么在宏观看来，每个人的笔迹是否会呈现各自特有的整体走向呢？这里选取了"登鹳雀楼"四个字的六份样本进行分析。

图 3-27　使用 Processing 编写了手写笔迹根据预设的规则，实时进行图形演算的程序雏形。（右边旋转的图形便是 "我的字迹" 四个文字书写的实时生成。）

程序设计阶段的基础构想：书写者手写输入字迹，程序自动连接成一条连续的轨迹，并实时将这条轨迹绕中心起点旋转，复制出多个副本。

图 3-28　以不同的点为中心点去旋转产生图形

雏形程序演算图形的问题是个体生成结果的差异化不明显，且图形视觉感受单调，不够美观。造成这个问题的主要原因是解析转译的数据信息变量单一。在后续的改进中，首先加入了颜色信息，其次是笔画轨迹的细节处理。尝试中发现笔画较为密集的部分，在发生像素化之后，更倾向于变成色块群，更有面的感受。基于这种对笔画疏密的考量，可以将其移植到生成图形笔画的风格化处理上。

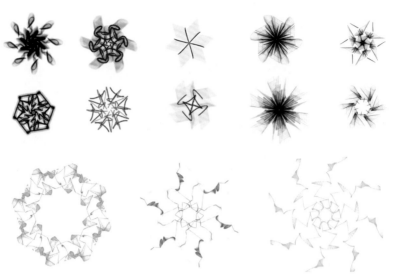

图 3-29　不同的字迹轨迹平移旋转生成的图形

赋予程序的关键逻辑是：判断点与点之间的距离，若小于设定值，产生连线。连线的颜色透明度，也根据两点间的距离来判断，距离越接近 0，颜色越浓郁；越接近最大判断距离，颜色越透明。单纯的旋转副本，在感受上仍旧比较单一。于是加入了平移运动，以丰富视觉感受。同时，生成的图案会因为平移产生的交叠而不断地产生不一样的形状外观。

数据可视化

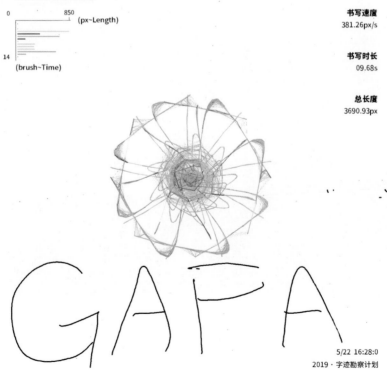

图 3-30　测试字迹实时生成图形的最终版本

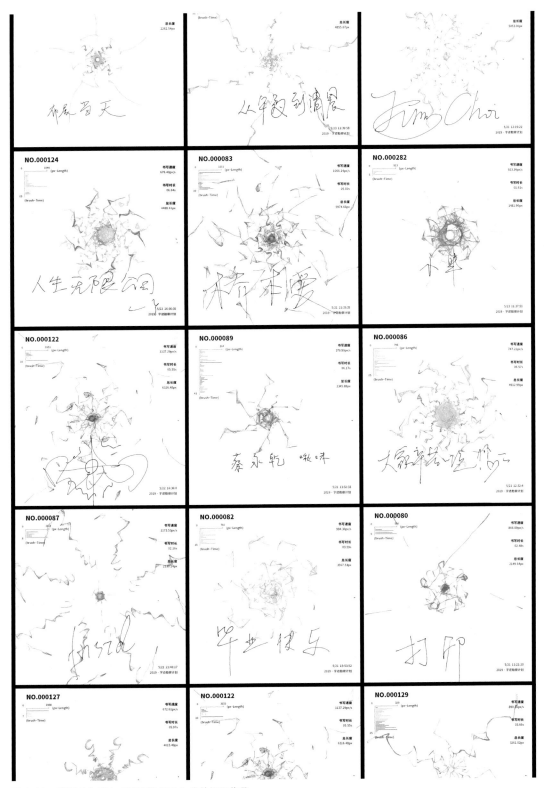

图 3-31　现场参与观众书写字迹实时生成的打印作品

　第三章　数据驱动的可视化艺术特征

图形的衍生尝试，大部分使用了 Illustrator 或 Photoshop 软件进行绘制，人为地使用可复制流程产生图形（例如不同的确定旋转中心的规则，不同的笔画处理方式等）。它的问题在于传统作图方式量产成本较高，且无交互体验，很难从图形上感知到个人书写字迹的映射关系。解决问题的方法仍然是要回到实时交互的程序上，用计算机演算去进行视觉表现的改良，并推动整个方案的进程。为了增强作品交互的体验感，作者从视觉、变量、实时交互三个方向上去尝试改进：增加了空间维度以及生成速度的缓动处理，调整大小伸缩的适应性与生长变化的节奏；同时加入笔触效果，以完善手动书写的仿真感受。视觉增加了维度之后，相应也增加了在 Z 轴上的速度变量、书写间隔时长等变量判断。笔画结束后再生成图形，体验的"掌控感"依然很弱，不够直观地说明两者之间的关联性。加入测算数据呈现后，人的书写行为参与了创作的过程，通过生成数据的实时交互反馈，不仅激发了观者参与其中的兴趣，同时令参与者转换了身份，成了作品的重要组成部分。

行为生成数据的交互体验作为数据艺术的特征之一，可以带给人们与自身息息相关的联觉感知，过程式解读了作品背后更丰富的寓意表达。但需注意交互引导的学习成本。过于繁杂的交互流程会直接引发观者的困惑，进而令作品信息的输出变得费解。反之，简洁、直观、自然的交互体验则能增强观者与作品之间的沟通与交流，并能获取大众的高参与度。例如作品《字镜》（图 3-32）便巧妙地运用了人在照镜子行为中的映射特征。交互的引导近乎是人们无意识行为的表现，因此在展览现场的参与度非常高。作品采集的影像数据分为肢体与行为两个部分，通过 Kinect 实时捕捉 26 个人体关节点，在程序内计算出所需要的 14 个人体部位——头、颈、肩、胸、腹、胯、臂、肘、腕、手、腿、膝、踝、脚的位置与大小，并映射为与之相对应的汉字显示。转换的参数由像素颜色、人体部位和身体动作三部分组成，汉字替代粒子形态并进行阵列组合诠释出物理现实的景象，强调了文字的信息传达。从代码基本结构的初步运行到最终方案的确定，作品重点调整了色彩纯度、字体设计以及文字动态，强化了观者交互体验中的联觉感知。例如根据身体整体运动趋势的参数计算，预计可识别的动作有跳、走、踢、蹲、打等。"跳"的动作对应文字随之上升落下，"蹲"字对应文字随之缩成一团，"打"字对应文字散开，"踢"字对应文字飞远等，文字动态设计与参与者动作行为的高度统一，可给予观者最直接、清晰的视觉反馈。

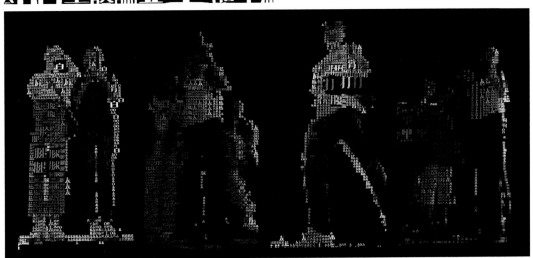

图 3-32 《字镜》，作者：竺延，指导老师：蔡燕

信息的多元化令大众形成碎片化阅读的习惯。人们渴望看到新颖的、美观的、与传统区别的文字，或是能快速阅读的图像文字。本作品基于汉字环境，探索汉字与图像的关系，通过文字的表象来塑造文字的意象，着重于文字含义的表达和文字意味的塑造。试着找到两者的平衡，并用新技术手段带来文字的新体验。

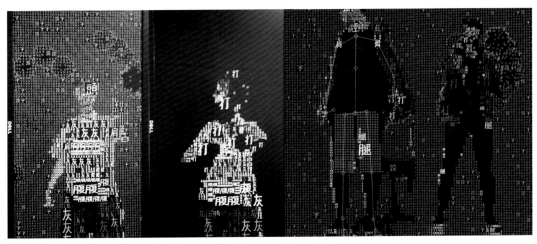

图 3-33 《字镜》肢体关节点捕捉测试，作者：竺延，指导老师：蔡燕

第四节　数据逻辑的算法生成

　　数据驱动是对原始数据进行算法生成，计算机图形学的高速发展催生了数据可视化的艺术创作，大数据技术为数据驱动的新形态艺术创作提供了新形式的内容与材料。而在具体的应用中，如何将计算技术转换为用户可理解的视觉范式，不是计算技术领域专家擅长的。但与此同时，数据艺术则提供了数据呈现的另一种视角，为计算技术注入源源不断的创新灵感。

　　计算技术发展的目标是创造计算速度更快、计算结果更准确、计算过程更健全的计算方法，即算法。计算技术的应用通常要结合实际场景，将相应算法用于解决实际问题，在利用数据逻辑的算法生成图像的过程中，最大的特点就是能实现随机性，许多生成艺术的作品就是利用这种随机性得到了意想不到的效果。其次，程序化是能大大加快创作流程的，编写程序实际上就是封装好模块，只需改变输入源和参数就能执行程序，快速输出结果，而不需要每次都从头开始逐步重复操作。另外，算法还能很好地适应当下的"可变"趋势，例如动态海报、可变字体、可变版式等，这一类型的设计如果是完全手动制作的话，工作量非常巨大，而且修改过程也比较繁杂，将创作概念封装成程序来运行，便能解决后续的诸多问题。

　　作品《字里花间——中国古代诗词格律的数据模型转译》（图 3-34）便是运用了万花筒成像原理和万花筒算法，将中国古代文学中的格律特征转换为数据模型，并演算生成创新的意象视觉。作者选择中国最早的文人词总集《花间集》进行"梦笔生花"的视知觉转译，描述诗人落笔所至，便绽放出一片片花朵的场景，生动美丽又浪漫至极。每一朵字花的结构都取决于文字的字形与笔触，将文字的情感与韵律融于其中。

　　《花间集》共选录词作 500 首，作者择其中 18 首，由 17 位词人所作，有温庭筠两首、皇甫松、韦庄、薛昭蕴等 16 人各一首。从古至今，描写花的诗词不胜枚举，诗词文字精简、富含情感，而花又有自身的象征含义。正如"聊赠一枝春"，诗人以花赠友，用花代替文字传达自己深切的情谊。作者将诗词格律作为创作的切入点，运用传统吟诵、诗词意境、语调语势等多方面内容，设计一顿、一句，延伸到全篇诗词，将其中规则要素转换为算法程序的逻辑，如句子的平仄节奏排列字花的空间布局（图 3-35）；顿歇音步决定花间距离与空间关系；而字的韵腹开口度大小，也就是字的发音，决定了花的大小等。在字花中体现诗词的韵律节奏，令诗人笔下的文字幻化成花，花间有字，既是花又是字（图 3-36 至图 3-40）。

　　一顿成一团，一句成一束，一篇则成满园花。

将万花筒算法整合成一个系统，从中设置了七种参数，每输入一张文字的图像，就能通过改变参数，使其生成各种万花筒图像。然后参考花卉的绘画作品，对万花筒图像做进一步艺术加工，最终生成文字逐渐绽放成花的动态过程。

图 3-34　《字里花间——中国古代诗词格律的数据模型转译》，作者：张俪，指导老师：曹雪、曹雨西，作品类型：动态影像、书籍设计
作者网站：http://zliiidesign.com/2022/06/09/flower/

图 3-35　左图汉语诗歌节奏模型；右图舌面元音舌位唇形图

疑是银河落九天

YI/	0.3	CALLIGRAPHER/
SHI/	0.3	ZHAO MENGFU
YIN/	0.3	FONT TYPE/
HE/	0.325	REGULAR SCRIPT
LUO/	0.35	书法家：赵孟頫
JIU/	0.3	
TIAN/	0.4	字体：楷书

图 3-36　运用"平低仄高"的特点对应图形在画面中的位置，高低错落有致，呈现出插花盆栽的美感规律

CALLIGRAPHER/
PENG NIAN
FONT TYPE/
REGULAR SCRIPT

书法家：彭年
字体：楷书

图 3-37　数据模型的视觉转译——万花筒映射成像

图 3-38 《字里花间》动态影像的作品现场

书籍总共 170 页，尺寸为 180mm×297mm。
选择龙鳞装的传统书籍装帧方式，纸张为荷兰白卡。

The book has 170 pages in total, with a size of 180mm×297mm.
The binding form is Dragon Scale, and the paper is Dutch white card.

正面 THE FRONT

背面 THE BACK

图 3-39 《字里花间》书籍设计龙鳞装帧展开图
数字作品与传统纸媒介的结合，碰撞出新的设计表现形式。

软件与技术的发展会推动创作形式"下限"的提高，是具备高效执行力的工具。对艺术设计学科的学生而言，学习编程进行创作，现阶段还是一种比较"跨界"的挑战。但未来或许会出现门槛更低的软件，能让更多的人无须学习繁杂的编程知识，便可随心做出数据驱动的实时交互设计作品。设计的"结果"也会随之更加地丰富多变。设计作为一个俯瞰全局的过程，需要解决更本源与核心的问题。旧有的形式与手段总有一天会不再流行，但经过反复提问与论证后呈现的形式、手段，则会在华丽的"外壳"褪去后，仍然具有价值。所以，一方面，以拥抱的姿态去学习和接收新的工具；另一方面，在技术爆发的冲击下更要清醒地思考作品内容的本质。技术储备固然是设计执行的基础，但提升技能水平的同时，也应该不断地反思：让人们感到"有趣"和"值得思考"的东西，到底是形式本身，还是别的？在计算机技术蓬勃发展的今天以及未来，人们应该警惕跌入被工具、形式以及媒介框限的泥泽之中。

数据可视化

图 3-40　《字里花间》书籍设计龙鳞装帧细节图

本章内容：本章主要讲解国内外艺术家、设计团体的优秀数据艺术创作，并通过数据的输入类型与输出形态的分类解析，对数据驱动的艺术创作进行逻辑分析与思维拓展。

学习目的：视野拓展有助于提升想象的空间，通过本章学习，在理解和吸收创作方法的同时，在优秀作品的解读中延展出数据无限的可能性。

第一节　国内外优秀案例解析

"在小说之后，随后的电影将叙事作为现代文化表达的关键形式，计算机时代则引入了其相关数据库……"

——列夫·曼诺维奇 (Lev Manovich)

《数据库作为一种新媒体类型》

数据驱动的艺术创作，既不是以科学分析为目的的数据可视化，也不仅仅是以观念、情感表达为目的的艺术创作。它以真实数据驱动，综合运用了可视化方法与技术，可承载当下全媒介形态。数据创建者必须收集数据，并对其进行组织，或从头开始创建。他们需要编写文本，拍摄照片，录制视频和音频，或者需要将现有的媒体数字化。从表面上看，几乎所有媒体对象都是数据库。数据作为象征性的样式，成了这个时代的重要组织构成。对我们来说，世界似乎是无穷无尽和非结构化的图像、声音、文本以及其他数据记录的集合，这些集合构建了我们自己和世界体验的新方法。

一、图像数据

《在百老汇大道上》：通过社交媒体图像和数据呈现 21 世纪城市的生活

每天大概有 20 亿张图片被分享在网络上，人们在社交媒体上分享各种各样的内容，包括他们的位置。我们如何利用这些新的数据来源来代表 21 世纪的城市呢？

美国纽约城市大学教授列夫·曼诺维奇面对这样的问题实施了多个艺术合作项目，其中一个作品——《在百老汇大道上》（图 4-2、4-3）是应纽约公共博物馆之邀，使用了 4000 万图像与数据点的互动界面装置。该装置通过汇编横跨曼哈顿

21 千米的百老汇所收集的图像和数据，以此代表 21 世纪城市的生活。其结果是由数十万人的活动创造出来一种新型的城市景观。现代作家、画家、摄影师、电影制片人和数字艺术家为城市生活创造了许多迷人的表现。卡米耶·毕沙罗（Camille Pissarro）和皮埃尔－奥古斯特·雷诺阿（Pierre-Auguste Renoir）的巴黎林荫大道和咖啡馆的绘画、柏林达达艺术家的照片蒙太奇、皮特·蒙德里安（Piet Mondrian）的百老汇爵士乐（Broadway Boogie-Woogie）、斯坦·李（Stan Lee）和斯蒂夫·迪特科（Steve Ditko）的蜘蛛侠漫画、雅克·塔蒂（Jacques Tati）导演的《游戏时间》（*Play Time*）以及埃里克·费舍尔（Eric Fischer）绘制的当地人和游客数据地图等，这些都是艺术家们遇见这座城市的经典例子。

百老汇就像人体的脊椎一样，弯曲着从曼哈顿岛中部穿过。为了定义这个区域，作者选择了每隔 30 米的点穿过百老汇中心，并在每个点上制作了 100 米宽的切片。结果呈脊柱状，长 21 390 米，宽 100 米。使用这种形状的坐标来过滤所获得的整个纽约数据。2014 年，在曼诺维奇的实验室中实时下载了 Instagram 图像及其数据（包括位置、日期和时间、标签和描述）。对于谷歌街景图像的截取，仅限于谷歌拍摄百老汇的时间。所有其他数据源都用于计算每个百老汇地区的平均值。

这个项目初衷是做一张城市地图，不是传统意义上的地图，而是用搜集而来的数据所做的现代城市景观图。在这个视觉丰富的以图像为中心的界面上，其中的数字只起次要作用，最终的视觉没有使用地图，而是为思考城市提出了一个新的视觉隐喻：图像和数据层的垂直堆栈。以百老汇作为横轴，放大后是每个街区的具体情况，上面有大量谷歌的街景照片以及纽约出租车打车数据，还使用了政府人口普查的数据，以及五个月内在百老汇附近上传到 INS 的照片。这个项目的有趣之处在于每个人都能从中找到与自己的领域的联系：对于科学家来说，这是科学项目；对于图书馆或者博物馆工作者，这是在用数据分析方法管理作品；对于设计师和建筑师来说，这是一种新的体验、观看方式。

图 4-1　直接启发项目的艺术品——Edward Ruscha 的《日落大道上的每栋建筑》（1966 年）这是一本艺术家书，展开可达 7.62 米，展示了日落大道 2.41 千米路段两侧的连续摄影视图。

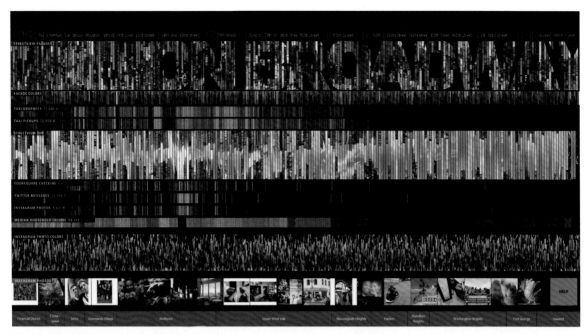

图 4-2 《在百老汇大道上》的互动装置。艺术家：Daniel Goddemeyer、Moritz Stefaner、Dominikus Baur、Lev Manovich
图片和数据包括了 2014 年 2 月 26 日至 8 月 3 日期间在百老汇所共享的 66 万张 Instagram 照片、带有图像的推特帖子、自 2009 年以来的 Foursquare 签到数量、谷歌街景图像、2013 年的 2200 万张出租车接送数量，以及美国人口普查局（2013 年）的经济指标等。

图片来源：http://on-broadway.nyc

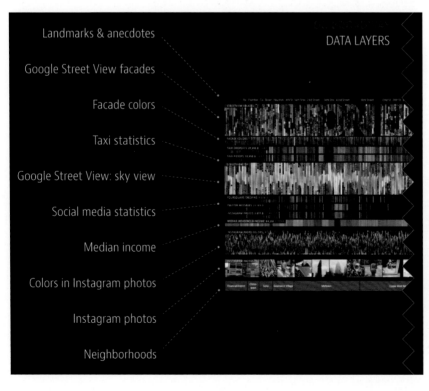

图 4-3 《在百老汇大道上》作品探索各种数据层并列的初始图。该项目有 13 个这样的层，都与百老汇沿线的位置保持一致。当用户沿着街道移动时，会看到来自每个区域的精选 Instagram 照片，左侧、右侧和顶部的谷歌街景图像，并从这些图像来源中提取了上面的颜色。另外还显示了出租车接送的平均数量、带有图像的推特帖子，以及百老汇横跨城市部分地区的平均收入。为了帮助导航添加的额外的图层，作品显示了百老汇、十字路口和地标横跨的曼哈顿社区的名称。

图片来源：http://on-broadway.nyc

《时间之诗》

深圳有反应工作室（Ether Studio）的作品《时间之诗》（图4-4、4-5），是一组高8米的大型动力雕塑。图像数据的采集结合了H5互动页面，引导参与者上传2020年所拍摄的不同照片，利用代码提取照片中比例最多的10个颜色，转化成划破夜空的彩色光弧，并巧妙地利用延时摄影，把光暂留在空中的画面保存下来。回顾2020年，各种大事件在时空弧度中留下深刻划痕，如果把时间比喻成黑胶唱碟，这些划痕必然演奏出激情澎湃的诗。节拍最早是指诗歌节律、一小节音乐的周期性时长，节拍的开端会与人内心期待产生共鸣。因此我们参考了节拍器的造型，把时间弧度汇聚成一根振动发光的弦。这组雕塑就这样不断采集着2020年的某一时刻，引导大家以轻松的心情回顾过去，并充满期待地放眼未来。

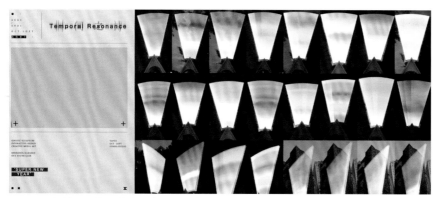

图4-4 《时间之诗》，作者：有反应工作室
https://www.behance.net/gallery/124805821/-TEMPORAL-RESONANCE

图4-5 《时间之诗》装置现场，作者：有反应工作室

二、声音数据

《光谱·浮游》

　　《光谱·浮游》（图 4-6、4-7）是一组声音数据驱动的互动光影装置艺术作品，利用仿生装置与露营空间集合，采集人造城市与自然声音作为可视化的元素，让参与者能感知来自听觉维度的城市。作品的数据是通过定制的录音设备在城市的不同角落采集了 60 组特别的声音。闭起眼睛，从听觉感知人类建造城市与自然环境本身发出的声音。一部分取自自然生物的生命迹象，宛如城市的呼吸气息；另一部分来源于人造机器的运作过程，就像是支撑着城市运转的脉搏。将采集的声音样本进行处理与编排，利用"赫兹"作为排序的维度，储存在旋转乐器上。参与者可以随意组合不同的自然与人造的声音，实时生成激烈冲撞与变化的视觉影像，再利用激光投射到水面巨型的浮游气泡中。水上漂浮的这个巨大的气泡装置，形态仿如透明的浮游生物，利用烟雾和激光，把来自城市和自然的声音转译，化作抽象的光影充满浮游生物的体内。包裹着城市声音世界的能量，又宛如城市的浮游缩影，占据着城市水域景观，并改变环境夜景的空间，反思城市与自然共生的界线。

图 4-6 《光谱·浮游》，作者：有反应工作室
气泡包裹着城市的声音数据，宛如城市的浮游缩影。

图 4-7 《光谱·浮游》，作者：有反应工作室

第四章 数据驱动的艺术创作

《Off the Staff——四季》

总部位于芝加哥的网络开发人员兼艺术家尼古拉斯·鲁格的最新项目 "Off the Staff" 可视化了著名古典音乐配乐的音符，这是实验符号悠久传统的一部分，将标准乐谱转化为表现艺术作品。尼古拉斯·鲁格说："阅读音乐的天赋总是让我无法逃脱，考虑到我在音乐家庭中长大，这有点讽刺。"但他一直被"乐谱的美丽复杂性"吸引，并想弄清楚如何"在一张图像中代表整个乐谱——不一定作为信息图表，而是音乐爱好者会喜欢在墙上放的东西，因为他们熟悉音乐"（图 4-8 至 4-10）。

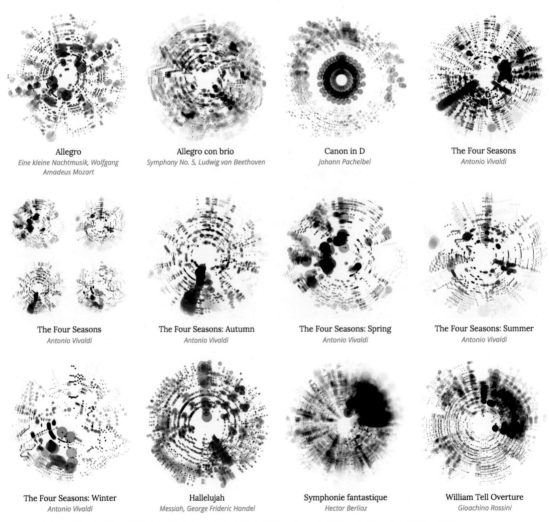

图 4-8　从《四季》乐谱中可视化音符的实验，每个点代表乐谱中的一个音符。作者：尼古拉斯·鲁格
音高由与图像中心的距离表示，而音符发生的时间由 12 点钟位置的角度给出。圆点的大小表示音符的持续时间，每个乐器的圆点颜色不同。
图片来源：https://www.c82.net/offthestaff/
视频演示：https://www.youtube.com/watch?v=hVZsx5d8m98

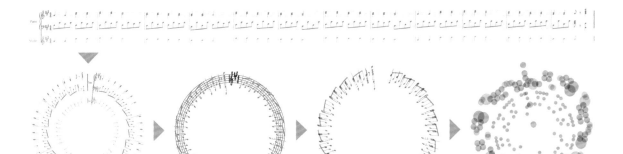

图 4-9 从乐谱中可视化音符的实验过程，单个乐器的乐谱使用单一颜色。作者：尼古拉斯·鲁格

图片来源：https://www.c82.net/offthestaff/

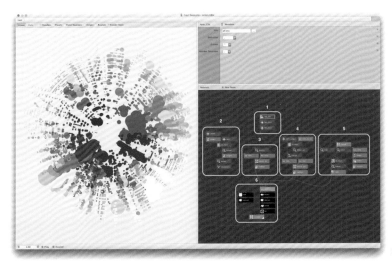

图 4-10 《四季》，作者：尼古拉斯·鲁格

左边的屏幕截图中，六组框大致执行了以下操作：

1. 导入 CSV 并过滤掉不是音符的符号标记。

2. 根据乐器计算颜色（仅适用于具有多种乐器的数据）。

3. 根据持续时间计算圆圈大小。

4. 根据音高和八度计算离中心的距离。

5. 根据数据中的位置计算角度。

6. 为每个圆圈分配计算，并调整整个图像的大小，以便进行高分辨率打印。

左下方这张屏幕截图显示了类似的结构，但对于一种乐器的黑白乐谱，单个乐器的乐谱被导出为 PNG，多个乐器的乐谱被导出为 SVG。

图片来源：https://www.c82.net/offthestaff/

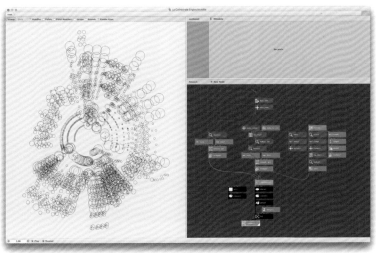

《森林聆听》（*Forest Listening*）

利兹·米勒（Liz K. Miller）是来自伦敦的一位艺术家和版画家，她专注于研究森林中的声音可视化和生态声学，旨在通过强调"绿水"的复杂性、脆弱性和必要性来反思我们与林地水文循环的关系和依赖性。"森林聆听"是一个探索人类和树木之间基本关系的项目。三个月中，利兹·米勒记录了布莱克希斯森林的雨声，并运用这些声波数据制作了印刷品。描述声音的蓝色图形被印在横幅上，以创建2019 年在布莱克希斯森林和 2020 年在瓦茨画廊林地的聆听区域（图 4-11、4-12）。

该项目背后的灵感来自绿色水域，现场记录和收集来自蒸腾、分解和水饱和度等森林降雨过程中振动与共振的音频档案，由此而创作的艺术装置凸显了这些基本生态系统的复杂性和脆弱性，将人类与我们的非人类伴侣物种——树木重新联系起来。利兹·米勒发现树木茂密的萨里山是思考我们对森林环境的看法，以及我们共同未来发展的理想地点。

《森林聆听》是一个视听装置，探索人类和树木之间的基本关系，思考成为暴风雨中的根是什么感觉，以及在森林里听到雨滴落下的声音像什么。森林里悬挂的横幅可视化了声景的片段，创造了雨滴撞击干燥地球的多感官体验。在这项工作中，听力被用作与林地环境重新连接的一种方法，并使用录音的声音可视化方法来发现森林中隐藏或未被注意的声学深度。由此产生的多感官视听艺术品用于引导人们的注意力，并为观众提供与树木接触的另一种视角，就森林对人类的重要性提供了未来的思考。

图 4-11 《森林聆听》，作者：利兹·米勒
2019 年 8 月在布莱克希斯森林创建声景聆听区域。
图片来源：https://www.lizkmiller.com/forest-listening

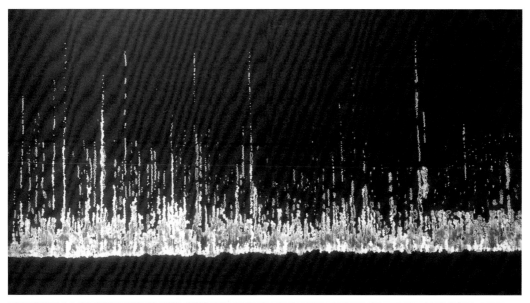

图 4-12 《森林聆听》作品细节图，作者：利兹·米勒
图片来源：https://www.lizkmiller.com/forest-listening

三、影像数据

《手语光书法》

　　作者试图运用长时间曝光、多角度记录、后期图像处理的手法将非固定的肢体语言发展成为一种全新的视觉语汇，创作以"聋哑人的梦想"为主题的《手语光书法》（图 4-13 至图 4-17）。

　　不管是何种语言，都应该有它独特的展现形式。书面语言在有了书法、写作等艺术形式后，随着各种媒介的发展，书面语言的展现形式也在不断地进行演变。作者通过研究朱利安·布雷顿（Julien Breton）在摄影中的表现手法及长曝光摄影技术，运用光绘捕捉了手语轨迹的影像数据，将动态的行为进行"固化"，形成"笔画"，再经过后期技术的处理与创作，将运动的轨迹淬炼为传统书法中带有飞白的书写痕迹，并结合了"集字"的手法，搭建起与传统美学的关联性，最终形成一种全新的视觉语言。

图 4-13 《手语光书法》，作者：张卓玲，指导老师：曾雨林、孙大棠

图 4-14 《手语光书法》的制作过程
从"非视觉"的角度入手，利用长时间曝光的手法，创造性地将手语动作"固化"，形成"笔画"。

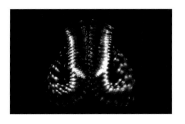

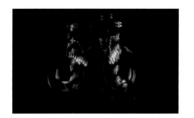

全指闪烁模式
Total finger scintillation mode

正常模式
Normal mode

部分闪烁模式
Partial scintillation mode

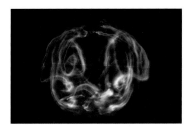

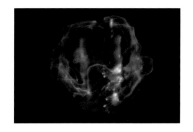

渐变模式
Gradual mode

渐变模式
Gradual mode

渐变模式
Gradual mode

图 4-15 《手语光书法》制作过程，作者：张卓玲，指导老师：曾雨林、孙大棠
Led 手套连接光导材料，且延伸至手指顶端，手套上的光在黑暗中呈现出了如同骨骼的图像视效。

我的梦想有很多，
I have a lot of dreams,

但我更希望能成为一个画家，
But I hope to be a painter,

用视觉弥补听觉所缺失的，
Visually compensate for the lack of hearing,

让我的生活依然充满色彩。
Let my life still be full of color.

图 4-16 《手语光书法》的视觉形态及其对应的语言

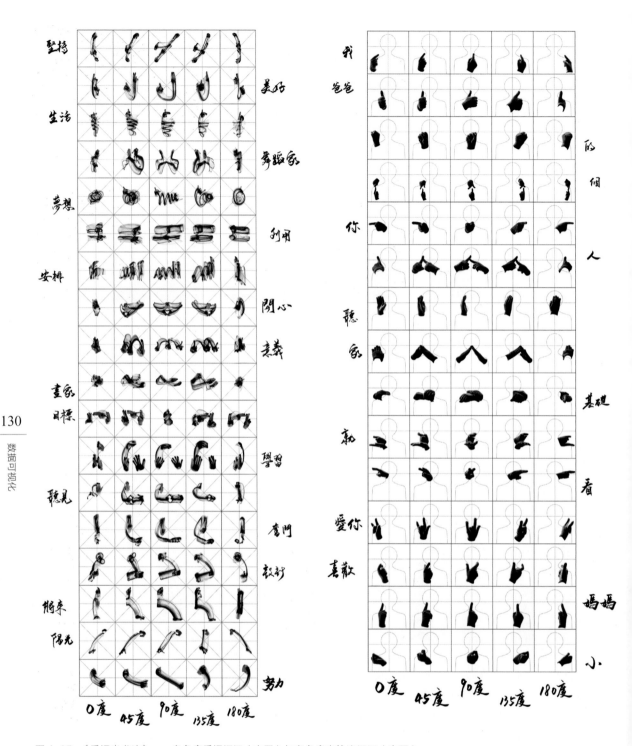

图 4-17 《手语光书法》——多角度手语词汇（左图）与多角度光轨迹词汇（右图）

《未来的你》（*Future You*）

Universal Everything 是一家位于英国谢菲尔德的数字艺术实践和设计工作室。该工作室由创意总监马特·派克（Matt Pyke）于 2004 年创立。作为一个"数字艺术和设计集体"，他们专门通过将视频、声音、光线、建筑和互动的媒介结合在一起来创造多感官体验。这种方法通常将人性和技术结合起来，目的是激发观众的情感、知觉和参与，通过创造抽象面孔、栩栩如生的动作和精心制作的编舞，将生命纳入基于屏幕的数字影像来呈现，并以独特的方式让观者反思自我。

《未来的你》（图 4-18 至图 4-20）最初是由伦敦巴比肯公司委托 Universal Everything 工作室为在 2019 年 5 月举办的"人工智能：超越人类"展览入口处而创作的交互作品。它是一面数字镜子，也是一个可交互的 AI。观众在互动中会看到一个 AI 合成的"自己"，在观众面前的这个"自己"，为每位体验者提供一份独特的互动形象体验。当你看到自己的合成版本时感觉如何？在《未来的你》中，你将面对着对你的潜力、综合自我的独特映射。从原始形式开始，它会从你的动作中展开学习，并进行自我适应和发展。这种交互式动作捕捉令艺术品不断发展，并为每位访问者创造了新的视觉响应，产生了 47 000 种可能的变体。该展览吸引了超过 88 000 名游客，使其成为在巴比肯中心举办的最成功的展览之一。

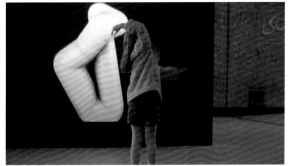

图 4-18 《未来的你》作品展出现场，作者：Universal Everything 工作室，创意总监：马特·派克，创意技术员：克里斯·穆兰尼（Chris Mullany），实时外观开发：亚当·萨姆森（Adam Samson）
《未来的你》是一个运动捕捉数字艺术品。在"人工智能：超越人类"展览入口处的作品交互现场受到大众的关注，吸引他们热情地参与其中。
图片来源：https://www.universaleverything.com/artworks/future-you

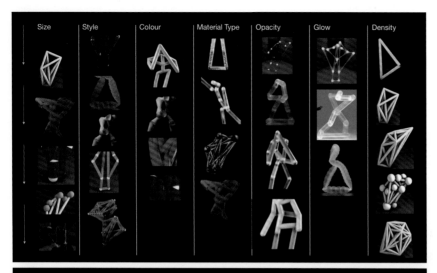

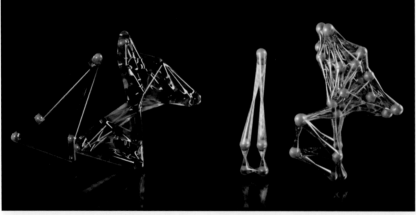

图 4-19 《未来的你》模拟
模型尝试渲染过程

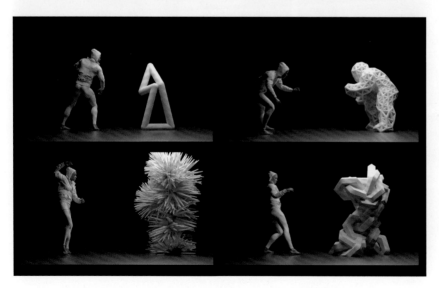

图 4-20 《未来的你》机器人
头像研究过程

数据可视化

四、文本数据

《千里江山图 2022》（*The Vast Land 2022*）

通过使用北京 SKP 附近监测到的具体真实的 PM2.5 空气数据与 900 年前的北宋时期王希孟的《千里江山图》相结合，将画面内容的像素阵列的纵轴坐标进行打碎与重组再生成创作，画面的拉伸程度取决于实时的雾霾数据播报。将 900 年前的古画撕碎后重组，从而建立新的山水图画，艺术家用数据重绘画面，用这样一个特殊的逻辑形成了一套独特的艺术视觉和观念表达，并创造出可被数字展示并实时播报的影像内容（图 4-21 至图 4-23）。

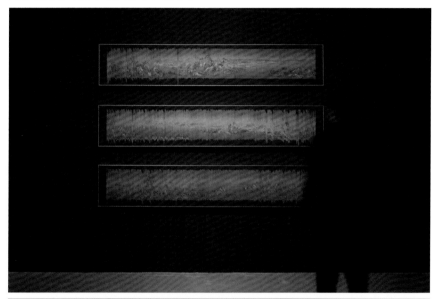

图 4-21 《千里江山图 2022》，
作者：曹雨西
艺术家网站：https://caoyuxi.com
图片来源：艺术家本人提供

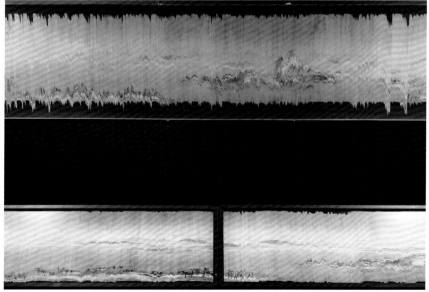

图 4-22 《千里江山图 2022》
动态影像（上）与静态影像
（下），作者：曹雨西

图 4-23 《千里江山图 2022》局部，作者：曹雨西

《十四行诗签名》（*Sonnet Signatures*）

人类的复杂程度惊人，地球上的每个人都以无数方式与其他生物不同。我们的独特性不能简单地被简化为一个标志或符号，但有时又像我们的名字涂鸦签名一样简洁。文学和人类一样，能利用这样的速记吗？

数据艺术家尼古拉斯·鲁格的新系列作品《十四行诗签名》（图 4-24、4-25）以独特的涂鸦对威廉·莎士比亚的十四行诗中的每一首诗进行可视化呈现。

尼古拉斯·鲁格在给《赫芬顿邮报》的一封电子邮件中指出，这里没有两个签名是相同的，甚至是相似的。他说，这些签名是根据他独特的公式绘制的，不是为了揭示有关十四行诗的新信息，而是为了"激励其他人以不同的方式思考或感受一些事情"。众所周知，莎士比亚十四行诗有严格的节拍和押韵限制。然而，以签名为代表的十四行诗集迅速提醒了我们，这些边界内存在无限的可能性。莎士比亚的 154 首十四行诗中的每一首都与其余部分完全不同——无论是阅读它们，还是从提取的那些数据艺术图像中都可以清楚地看出这点。

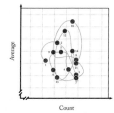

16　　　　　　17　　　　　　18　　　　　　19　　　　　　20

图 4-24 《十四行诗签名》，作者：尼古拉斯·鲁格
创建十四行诗签名的方法
图片来源：https://www.c82.net

图 4-25 《十四行诗签名》单个签名的海报
图片来源：https://www.c82.net

第二节　应用探索与未来启发

"我们无法直观地理解机器的语言，所以我们训练机器说我们使用的语言。"

——莎拉·纽曼（Sarah Newman）

数据艺术的核心在于对数据的理解，只有对数据的内在关系、变化规律、异常值等有深入了解，才可能有创新的视角进行艺术的呈现。在未来，机器学习、人工智能常态化，将会是数据领域潜在的革新者，例如 Google X 实验室开发的具备自主学习能力的神经网络系统，无须借助任何外界帮助，便能从千万张图片中找到目标图片。全新的人工智能技术，将会彻底改变图像识别、语音识别等多个领域。当机器协助可以完成大量的基础工作后，人类的决策将发挥何种作用？我们从机器中学到的任何关于世界的知识都要经过这个抽象的过程。随着我们越来越依赖机器，我们更加需要探究这种抽象的潜在限制和边界。

一、穿戴设备体验

2019 年年初，乔治亚·卢皮设计了一个依靠数据驱动的时尚系列——将数据故事转化为可穿戴服饰的合作实验室。乔治亚·卢皮用印花、刺绣、缝制的方式完成了 16 件作品，揭示了三位女性的惊人成就。在以男性为主导的领域，她们开拓出自己的事业，并为其他女性的起步和发展奠定了基础。这三位女性分别是：历史上第一位计算机程序员艾达·洛夫莱斯（Ada Lovelace，图 4-26）、引领环保运动的瑞秋·卡森（Rachel Carson，图 4-27）和首位非裔美国女宇航员梅·杰米森（Mae Jemison，图 4-29）。在这个合作实验室中，作者探索了数据集的视觉语言，并以插图设计为基础进行丰富的叙事。作者根据三位女士的故事，使用关于她们主要成就的数据集，以及她们生活中的影响性信息作为设计材料，创建了三种独特的记录模式，产生了一个基于数据驱动的叙事集合，使精美的可视化能够揭示更深层次的含义。

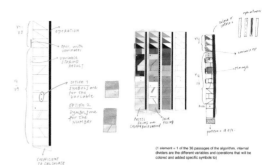

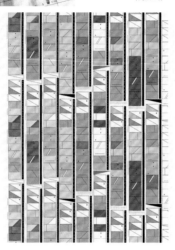

图 4-26 《乔治亚·卢皮 & Other Stories: 第一位计算机程序员艾达·洛夫莱斯》作者: 乔治亚·卢皮, 作品类型: 信息设计、可穿戴服饰该项目分析并可视化了艾达·洛夫莱斯用色彩几何图案编写的关于数列的结构与数学形式。艾达利用她的数学天赋来翻译和编写指令, 通过编程使机器完成复杂的计算。在翻译一篇描述查尔斯·巴贝奇（Charles Babbage, 1791-1871）发明的机械计算机的科学论文中, 她编写了第一个"程序", 设想使用机器计算斐波那契数列。这是第一次有人以这种方式对机器进行编程, 以进行复杂的数学运算, 事实上这也是计算机科学学科的起源。

图 4-27 《Giorgia Lupi & Other Stories: 引领环保运动的 Rachel Carson》, 作者: 乔治亚·卢皮, 作品类型: 信息设计、可穿戴服饰

瑞秋·卡森是一位作家、环保主义者和活动家, 以其著作《寂静的春天》而闻名, 这本书被认为是从保护主义者的角度对文学的第一个贡献, 并帮助推动了环保运动的开展, 以及相关法规的推行并建立了致力于保护环境的国家机构。她的工作向人们展示了我们所做的一切是如何影响我们生活的世界的。

图片来源: http://giorgialupi.com/giorgia-lupi-otherstories

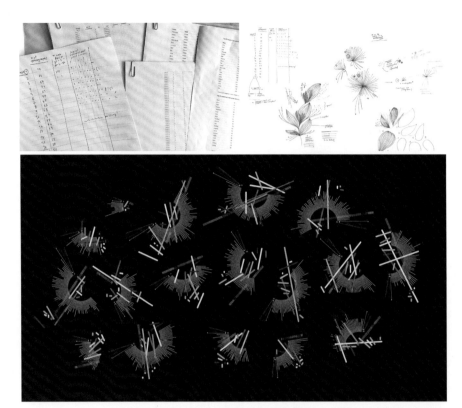

图 4-28　创建的数据集反映了这种方式，在服装上用刺绣的方式勾勒图案，揭示她书中相互关联的结构和内容，将《寂静的春天》的结构和语义分析形象化。作者：乔治亚·卢皮
图片来源：http://giorgialupi.com/giorgia-lupi-otherstories

数据可视化

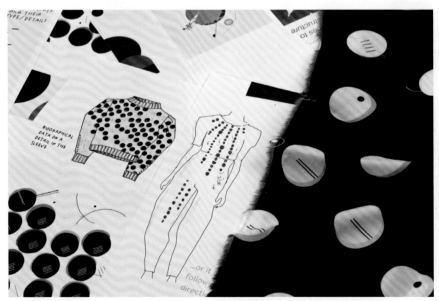

图 4-29　该款式的图形基于梅·杰米森在太空中行进的轨道和完成的实验生成。作者：乔治亚·卢皮
图片来源：http://giorgialupi.com/giorgia-lupi-otherstories

伦敦的信息设计师史蒂芬妮·波萨维奇（Stefanie Posavec）所设计的作品《空气变换》（Air Transformed，图4-30）是一系列可穿戴数据可视化作品，它分为《看见空气》（Seeing Air，图4-31）与《触摸空气》（Touching Air，图4-32）两个部分，《看见空气》是由三层有机玻璃（perspex）镜片组成的一副眼镜，每副眼镜代表着2014年谢菲尔德一天的空气污染水平。戴上眼镜，佩戴者从字面上可看到谢菲尔德一年中不同日子的空气质量。其中每个透镜代表不同的污染物：二氧化氮（棕色透镜）、小颗粒物（蓝色透镜片）或大颗粒物（绿色透镜片）。透镜上的图案越大，表明污染程度越高。作品模糊了佩戴者的视力，暗示了空气中污染物造成的朦胧景色。《触摸空气》则由三条以不同纹理的亚克力切片制成的项链组成。每条项链都代表来自测量大颗粒物（PM10）水平的传感器所收集的一周数据（图4-33）。由于颗粒物会损害心脏和肺部，因此作者认为颈部的佩戴是传达这类数据的适当方式。片段大小不等，质地从完全光滑过渡到尖锐触感。用手指抚摸每条项链，佩戴者可以真正感受到谢菲尔德的空气质量在每周是如何上下移动的。该系列作品以不同的表达方式传达同样的主题。虽然看起来极富有装饰性，但它们完全基于来自谢菲尔德的空气质量数据。谢菲尔德曾是英国一个重要的炼钢城市，因此空气非常恶劣。作者希望通过创建友好、可访问的作品，使用开放的空气质量数据来激励公众参与空气污染问题。

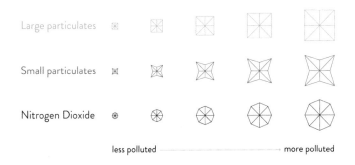

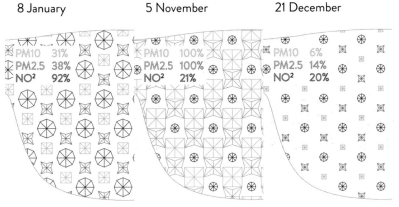

图4-30 《空气变换》，作者：史蒂芬妮·波萨维奇
每个镜头代表不同的污染物。较大的模式代表更高的污染水平，而较小的模式代表较低的水平，其尺寸完全由数据决定。
图片来源：https://www.stefanieposavec.com/airtransformed

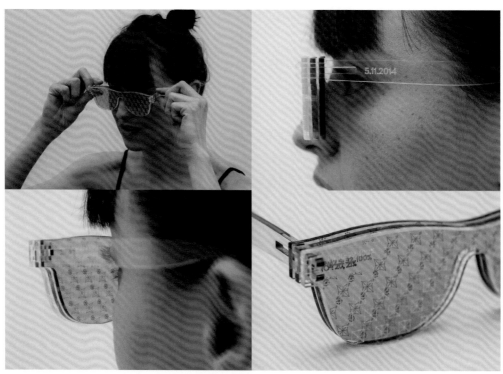

图 4-31 《空气变换——看见空气》作品的佩戴示意图

较大的图案模糊了佩戴者的视力，提供了不同天气下污染水平差异的微妙指标。作者希望确保眼镜上的数据可以通过两种方式体验：佩戴时作为物理上可产生微妙的体验，同时作为数据的图形呈现。

图片来源：https://www.stefanieposavec.com/airtransformed

数据可视化

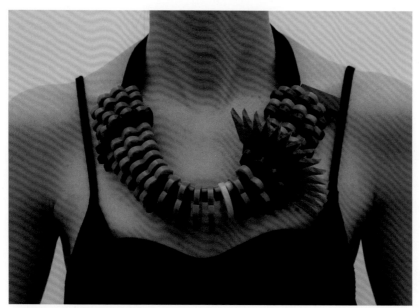

图 4-32 《空气变换——触摸空气》，作者：史蒂芬妮·波萨维奇

如果我们真的能看到和感受到负担，空气污染会影响我们的身体吗？

图片来源：https://www.stefanieposavec.com/airtransformed

图 4-33 《空气变换——触摸空气》中的数据转译依据

作者将数据以 6 小时为一组，6 小时的周期大致对应于每天的早晨、下午和晚上。这样分配下来，每周就有 28 个 "6 小时组"。使用亚克力切割的图形来代表每个时段的平均 PM10 水平。作者选择了描绘三周，使用一种即特别又有趣的模式突显了 2014 年谢菲尔德空气中 PM10 的数据。

图片来源：https://www.stefanieposavec.com/airtransformed

穿戴设备的体验，为数据可视化设计领域提供了新的维度，设计者可通过设备融入情感化交互，与用户紧密联系并获得更加有效的信息反馈。随着智能技术的发展与普及，通过软件支持以及数据交互、云端交互可实现更加强大的功能，可穿戴设备将会对我们的生活、感知带来更多新的体验。

二、人工智能整合

机器一丝不苟地使用二进制与数字来看待世界，而每天围绕在我们身边的机器构成了当代文化的形成。我们学习知识受到搜索引擎结果的影响，音乐品味受到平台创建的混合音乐集的影响，购买选择则受到网络购物推荐的影响。这个奇特的新世界在很短时间内就成了我们现实的一部分。人性化的机器界面设计使这些系统感觉自然，仿佛它们真的就是我们的世界。但如果我们想与这些设备一起生活并理解它们，就不应该仅仅依赖令我们容易理解这个世界的机器，而是更加需要了解这些设备是如何体验我们的世界。机器看到的世界和人类看到的世界完全不同，哈佛大学的 MetaLab 实验室研究者金·阿尔布雷希特(Kim Albrecht)在艺术项目《人造感官》（ *Artificial Senses*，图 4-34 ）中，将人们的手机、电脑收集和处理的原始传感器数据可视化，以帮助我们理解这些机器是如何感知世界，并尝试探索后数字时代信息视觉的边界。这里的可视化探索了众多感官领域——视觉、定位、定向、听觉、移动和触觉。但不是我们凭直觉提供给机器的感官数据，而是试图更接近机器的 "体验"。它向我们展示了机器现实与人类现实的诸多不同。例如，由于它有许多传感器，

图 4-34　《人造感官》哈佛艺术博物馆展览现场，作者：金·阿尔布雷希特
人工智能可视化我们周围机器的传感器数据，以了解它们如何体验世界。
图片来源：https://mlml.io/p/artificial-senses/

机器运行的时间快得无法理解，方向传感器每秒最多可返回 300 次数据。这样在屏幕上画出的值快到我们无法想象。在大多数情况下，为了制作这些可视化的图集，机器必须被驯服并减慢速度，以便我们感知它的"体验"。更令人担忧的发现是许多图像之间的相似性。视觉、听觉和触觉，对人类来说，是不同性质的世界体验：它们导致了各种各样的理解、情感和信仰。但对于机器来说，这些感觉是非常相似的，可以简化为有限可能性范围的数字串。对于机器来说，现实世界的整个定位都由数字调节。

　　拥有丰富跨学科经验的 Nohlab 工作室与奥斯曼·科奇（Osman Koc）合作开发的以"NOS 视觉引擎"命名的协作平台，基于 Processing 基础设施，实时分析表演中的声音，并将这些数据作为视觉计算的参数，使声音和视觉融合为一体。通过"分层注意力网络（HAN）"培训了一名人工智能钢琴家 VirtuosoNet，一个由人工智能驱动的自弹钢琴沉浸式声音响应环境（图 4-37）。使用 16 名作曲家和 226 名表演者的数据集成了配乐和表演的参数，不仅解释了配乐，而且在调整节拍和节奏以及音调和触感时用情感演奏，以捕捉原始表演者的音乐表达。"NOS 视觉引擎"平台将实时音频分析作为视觉演出的一部分，创建了身临其境的视觉环境，通过实现对声音、视觉的整体感知来增强观众沉浸式的多感官体验（图 4-38）。

　　在当今时代，机器学习和人工智能时刻影响着我们的行为，也影响着我们对技术本身及其所代表世界的观念。我们不仅仅通过设计的接口来了解机器，还需要理解这些系统如何按照自己的方式运作。那么未来我们方能信任，并与机器共同生活与交流。

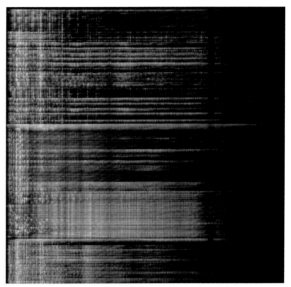

图 4-35 《人造感官——触觉》，作者：金·阿尔布雷希特
每一行表示手指在设备屏幕上的垂直和水平位置，与屏幕的
总高度和宽度进行比较。每条线的宽度取决于两个传入信号
之间的时间差（可交互）。
图片来源：kimalbrecht.com

图 4-36 《人造感官——听觉》，作者：金·阿尔布雷希特
代码捕获设备的麦克风的频率数据。每个频率的取值范围在 0
到 255 之间，从左（低频）到右（高频）绘制。每个频率的范围
用从 0(黑色) 到 255(白色) 的每个点表示。该数据每秒被请求
20 次，时间从上到下移动可交互。
图片来源：kimalbrecht.com

图 4-37 《人工智能钢琴家》（ *NOS Visuals × VirtuosoNet* ），作者：Nohlab 工作室、奥斯曼·科奇
图片来源：https://www.kocosman.com/ways-of-seeing/

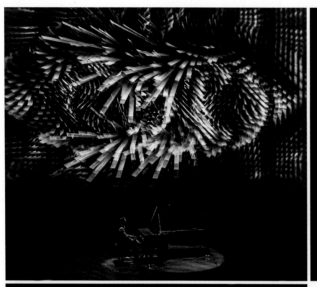
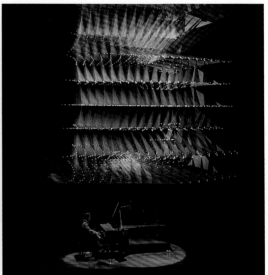

数据可视化

图 4-38 "NOS 视觉引擎"与钢琴家杰夫·内芙 (Jef Neve) 在欧洲帕利亚节上的实时演出现场。这场世界首映式是为欧洲帕利亚节而创建的。音频的视觉体验将通过实视觉生成器软件 NOS 实现。作者：Nohlab 工作室、奥斯曼·科奇
图片来源：http://nosvisuals.com/portfolio/europalia-festival/

参考文献

[1] ［美］Nathan Yau.鲜活的数据：数据可视化指南［M］.向怡宁，译.北京：人民邮电出版社，2012.

[2] ［美］列夫·曼诺维奇.数据库作为一种新媒体类型.2023.12.1,http://vv.arts.ucla.edu/AI_Society/manovich.html.

[3] ［美］黄慧敏.最简单的图形与最复杂的信息［M］.杭州：浙江人民出版社，2019.

[4] ［美］曼纽尔·利马.树之礼赞：信息可视化方法与案例解析［M］.宫鑫，王燕珍，王娜，译.北京：机械工业出版社，2015.

[5] ［美］乔尔·卡茨.信息设计之美［M］.刘云涛，译.北京：人民邮电出版社，2019.

[6] ［日］永原康史.资讯视觉化设计的潮流——资讯与图解的近代史［M］.李伯黎，严可婷，译.台北：雄狮图画股份有限公司，2018.

[7] ［加］Mark Smiciklas.视不可当：信息图与可视化传播［M］.项婷婷，张东宁，译.北京：人民邮电出版社，2013.

[8] ［日］木村博之.图解力：跟顶级设计师学作信息图［M］.吴晓芬，顾毅，译.北京：人民邮电出版社，2013.

附录 1：常用数据网站

国家数据

由国家统计局和国家外汇管理局联合发布，是一个国家性公开数据网站，包含了各个城市的基本数据以及国家级可公开数据。

官方网址：data.stats.gov.cn/

国家统计局

国家统计局是国务院直属机构，除了可公开数据，也有待公开数据的新闻公布、新闻资讯，数据按年月季度划分，也有相关数据的出版物可供查询。

官方网址：stats.gov.cn/tjsj/

和鲸社区

该网站是国内知名的科研学者论坛社区，也是最早一批关注大数据运算的专业人士的交流平台，有知名学者的项目分享以及数据集。

官方网址：https://www.heywhale.com/home

阿里天池

阿里巴巴集团旗下的阿里天池是该公司的大数据平台，该平台除了为科研提供高质量数据外，也会举办比赛来吸引更多的大数据人才。

官方网址：https://tianchi.aliyun.com

艺恩娱数

艺恩娱数是国内较为全面且官方的影视业数据公布平台，例如有影视作品的现时热度数据，也有历年的票房数据收集。

官方网址：https://ys.endata.cn

海外

Kaggle

Kaggle 是一个数据建模和分析数据的竞赛平台，许多企业和学者在其上发布数据。它是一个参考数据的科研网站，统计学者和数据挖掘人员可以在该平台上竞赛，以此产生新的数据模型。

官方网址：https://www.kaggle.com

Health Effect Institute

该网站的数据参考定位是空气污染与健康。Health Effect Institute 是一家独立的非营利性组织，专门研究空气污染对健康的影响。上面公布的许多文章会附带科研数据。

官方网址：https://www.healtheffects.org

Kantar

Kantar Group 是一家数据分析和品牌咨询公司，该团队的数据分析专业度甚高，公司从事各种研究领域的工作，包括社交媒体监测、广告效果、消费者和购物者的行为以及舆论。

官方网址：https://www.kantar.com

UN Comrade Database

UN Comrade Database 是全球海关数据公布平台，其定位是商业外贸的数据。该平台还附带生成 Excel 的功能，是官方认证且使用便捷的平台。这个数据库准确度（部分类别）好像与国家统计局的有点出入，特别是 10 年之前的数据，大家在选择的时候要有所取舍。

学习参考：https://zhuanlan.zhihu.com/p/108506132

官方网址：https://comtrade.un.org

Figshare

Figshare 是一个在线开放访问资料库，研究人员可以在其中保存和共享其研究成果，包括图形、数据集图像和视频。遵循开放数据的原则，人们可以免费上传内容和免费访问数据库。

官方网址：https://figshare.com

附录2: 常用数据可视化网站

Makeovermonday

这是一个学习 Tableau 的大型高质量论坛,除了公开以供学习的资源和相互学习的作品与问题讨论外,也有公开的数字媒介文献参考与项目研究。

官方网址: https://www.makeovermonday.co.uk

Github

这是一个面向开源及私有软件项目的托管平台,若是用于非商用,可供学者们学习探讨开源代码。它提供各种程序语言,例如知名的 Ruby on Rails、jQuery、Python 等。

官方网址: https://github.com

FlowingData.com

统计师 Nathan Yau 运营的网站,定时更新数据可视化内容,提供大量的数据可视化作品与数据可视化学习教程等指南。

数据可视化

VisualisingData.com

该网站汇聚了数据可视化不同维度的资讯,例如资源、示例,论坛上甚至有专家的友好社区。网站设计中蕴含着数据可视化,其网站会定期显示关于数据可视化的热门帖子。

Pudding.cool

该网站聚焦了可视化作品的创意与互动性可视化的文章,并且结合了数据新闻以及可视化网络工程。网站贯穿实验性的理念,让学者深入了解基于网络的数据可视化边界是如何被延伸并利用的。

Fivethirtyeight.com

该网站的交互式数据可视化十分值得关注,其平台跨领域地将数据可视化与新闻相结合,并在 Github 上发布详细的数据集档案,是贯穿了跨学科的高质量数据可视化平台。

www.kantarnewzealand.com/expertise/data-visualisation/

凯度公司创办的比赛是全球性知名的数据可视化竞赛,有全世界顶级的公司参赛。该比赛官网有历年的获奖作品案例与介绍,也可以通过 YouTube 关注他们的比赛专访。

附录3：常用可视化工具简介

1.不需要编程基础

以下网页是部分免费的在线图表制作工具，只需要上传基本的 Excel 格式便可以快捷生成图表并导出 SVG，可在 AI 上编辑图形，也可以在网站上在线编辑。它将枯燥的数据转换成易懂的图表，为数据和信息增值。

Datawrapper
官方网址：www.datawrapper.de

花火
官方网址：hanabi.cn

百度图说
官方网址：tushuo.baidu.com

九数云
官方网址：www.jiushuyun.com

Dycharts
官方网址：dycharts.com

chartcube
官方网址：chartcube.alipay.com

2.需要编程基础

Power BI

Power BI 是一套商业分析工具，可以连接数百个数据源，简化数据并且准备提供即时分析，生成报表或可交互式报告并进行发布。Power BI 的数据分析语言与 Excel 一样是 DAX，可以参考该网站学习使用。

学习参考：https://zhuanlan.zhihu.com/p/64272859
官方网址：https://powerbi.microsoft.com/en-us/

Tableau

该平台可以用电子表格，也可以用数据库元数据，但官方不建议 R 语言新手使用，关于 R 语言与 Tableau 的使用可以参考以下网站。

学习参考：www.tableau.com/zh-cn/learn/whitepapers/using-r-and-tableau
官方网址：identity.idp.tableau.com/

Julia

熟悉 Python 的学者入门 Julia 会很容易上手。对于数据分析，他们会使用一些软件包来简化操作：CSV、DataFrame、日期和可视化。它只需输入软件包名称，即可开始使用。可以参考以下网站做初步认知。

学习参考：zhuanlan.zhihu.com/p/335474714
官方网址：julialang.org

Prettymaps

Prettymaps 是 Python 编写的将 OpenStreetMap 数据生成地图的工具，项目基于 osmnx、matplotlib 和 shape 库。

官方网址：prettymaps.stamen.com

Matplotlib

该平台是 Python 语言及其数据计算库 NumPy 的绘图库。该平台能接受物件导向的 API 接口，通过 GUI 工具包将绘图嵌入应用程序中。

官方网址：matplotlib.org

Plotly

Plotly 是非常有名的数据可视化框架，可以构建基于浏览器显示的 Web 形式的交互性可视化作品。可以参考以下网站学习该工具。

学习参考：zhuanlan.zhihu.com/p/85557161

官方网址：plotly.com

Anaconda

Anaconda 是一个开源的 Python 和 R 语言发行本，里面基本上继承了所有数据分析的开发环境。

官方网址：www.anaconda.com

anaconda_Jupyter Notebook

Jupyter Notebook 是基于网页的、用于交互计算的应用程序，可被应用于全过程计算：开发、文档编写、运行代码和展示结果。Jupyter Notebook 对使用笔记本来做数据可视化相对友好，可通过 anaconda 安装进入。

学习参考：zhuanlan.zhihu.com/p/33105153

Seabor

Seabor 是 Python 中的一个库，适用于数据可视化。该资源库构建在 matplotlib 之上的，与 Python 中的 pandas 数据结构紧密合成，可以帮助探索理解数据。

官方网址：seaborn.pydata.org

Ggplot

Ggplot 是 R 语言的一个数据可视化绘图工具，学习 R 语言的学者可了解该工具。

官方网址：ggplot2.tidyverse.org/reference/ggplot.html

Bokeh

Bokeh 是 Python 交互式可视化库，在浏览器中支持大型数据集的高性能可视化表示。

官方网址：bokeh.org

Pygal

Pygal 是 Python 的制表工具，提供了 14 种图表类型，可以制作出版级别的交互式图表，相比起有名的 matplotlib、seaborn、plotly、Pygal 相对小众一点。

官方网址：www.pygal.org/en/stable/

D3 charts

D3.js 是一个使用动态图形进行数据可视化的程序库。该程序库使 JavaScript 语言与 W3C 标准、SVG、CSS 标准相容。

官方网址：d3js.org

后记

　　置身于大数据时代中，关于数据作为艺术作品的讨论其实已经不再新鲜，事实上数据艺术的产生或许比我们想象的还要再早一些。早期观念艺术家对信息所带来的生活以及生产方式的影响已有先见，并对采用数据作为"实时系统"审视与探索的工具展现了极大的兴趣，并进行创造和表现。然而，在传统的视觉艺术范畴，数据作为灵感的起源、创作的材料以及数据驱动作为视觉艺术创作的工作方法，突破了艺术与科技专业壁垒的创新与实验。

　　2022年，广州美术学院视觉艺术设计学院整合了原来的信息工作室，扩充并更名为信息融合教研中心。我们尝试着表演戏剧，置身其中去体会叙事的多样性。我们也学习计算机的底层逻辑与编程语言，与之接近并产生直接对话。与"数据库"本身相比，"数据驱动"作为一种美学创作的工作方法，是否更能演变为文化与社会表达的叙事形态？数据结构和算法对程序的工作同样重要，那么数据库和叙事在计算机文化中具有相同的地位吗？带着未来多模态的信息融合议题，我们将从源头开始重新思考。本书记录了过往信息工作室师生们的研究与探索。

本社向使用本教材的老师免费赠送多媒体课件，如有需要请发邮件至 smmsbk@126.com，我们将及时回复。

图书在版编目（CIP）数据

数据可视化 / 蔡燕编著. -- 上海 ：上海人民美术
出版社，2023.4
（新版高等院校设计与艺术理论系列）
ISBN 978-7-5586-2658-6

Ⅰ. ①数… Ⅱ. ①蔡… Ⅲ. ①可视化软件－数据处理
－高等学校－教材 Ⅳ. ①TP317.3

中国国家版本馆CIP数据核字(2023)第058872号

新版高等院校设计与艺术理论系列

数据可视化

编　　著：蔡　燕
责任编辑：邵水一
整体设计：任小红
装帧设计：朱庆荧
技术编辑：史　湧
出版发行：上海人民美术出版社
地　　址：上海市闵行区号景路 159 弄 A 座 7 楼　邮编：201101
印　　刷：上海颛辉印刷厂有限公司
开　　本：787×1092　1/16　9.5印张
版　　次：2023 年 7 月第 1 版
印　　次：2023 年 7 月第 1 次
书　　号：ISBN 978-7-5586-2658-6
定　　价：78.00 元